E8系 Since2023

G編成（JR東日本）

つばさ

山形新幹線用に開発された新在直通の車両。E6系をベースに、ノーズを短くして座席数を増やしつつ最高速度を300km/hにしている。また台車の周囲に着雪防止用のヒーターを追加搭載したほか、全席にコンセントがついた。カラーリングはE3系『つばさ』を踏襲し、「おしどりパープル」「紅花イエロー」「蔵王《さおう》ビアンコ」の組み合わせだが、「紅花レッド」は配色されていない。2023年に落成し、各種試験などを行った後、2024年3月15日から営業運転を開始。

最高速度▶300km/h（新幹線）、130km/h（在来線）
編成両数▶7両

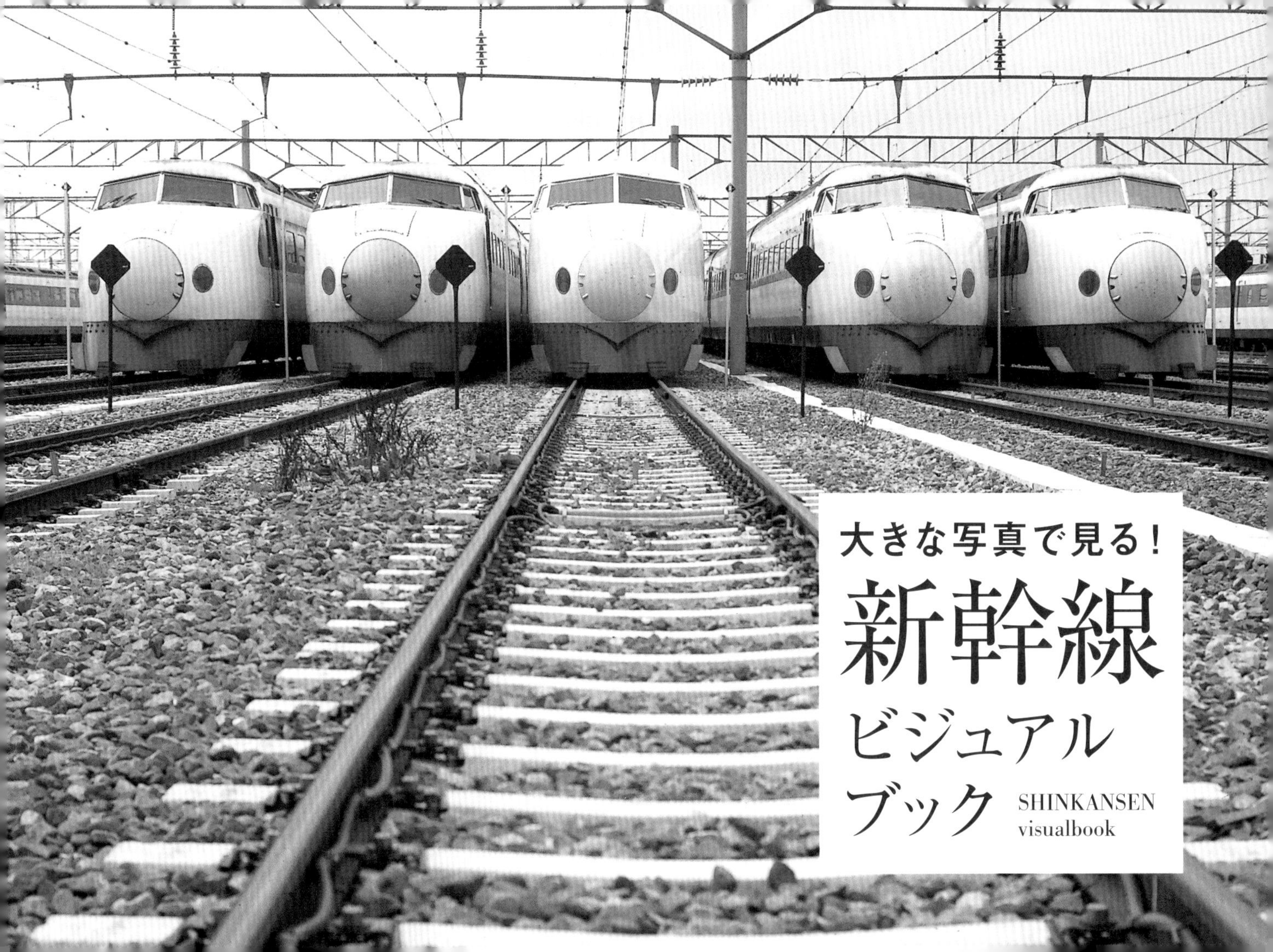

大きな写真で見る！

新幹線ビジュアルブック

SHINKANSEN visualbook

I N D E X

本書の見方

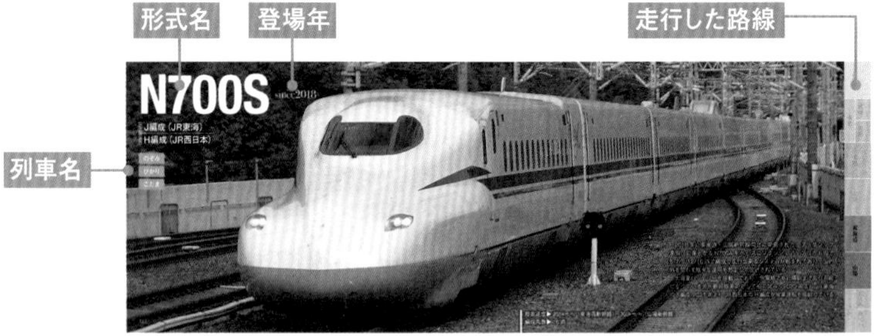

形式名
登場年
走行した路線
列車名
N700S

全国の新幹線と「基本計画」のある路線

1964 年に東海道新幹線が開業してから 2024 年で 60 周年を迎えた現在、新幹線は日本全国に広がっている。ここではすでに開業中の新幹線、ならびに着工中の新幹線、さらには新幹線の基本計画は出ているものの、整備計画の決まっていない路線を紹介。

ちなみにミニ新幹線とは、在来線の線路幅を拡張し、新幹線と在来線を同じ車両で直通させる仕組みのこと。秋田新幹線や山形新幹線がこれで、線路自体は在来線となっている。

開業中の新幹線

- 東海道新幹線
- 山陽新幹線
- 東北新幹線
- 上越新幹線
- 北陸新幹線
- 九州新幹線
- 北海道新幹線
- 西九州新幹線

開業中のミニ新幹線

- 山形新幹線
- 秋田新幹線

建設・延伸中の新幹線

- リニア中央新幹線
- 北陸新幹線
- 北海道新幹線

基本計画のある路線

- 北海道南回り新幹線
- 奥羽新幹線
- 羽越新幹線
- 北陸・中京新幹線
- 山陰新幹線
- 中国横断新幹線
- 四国新幹線
- 四国横断新幹線
- 九州新幹線
- 東九州新幹線
- 九州横断新幹線

営業車両

在来線での走行性能は、E6 系とほぼ変わらないが、着雪対策として台車部にヒーターを搭載した

先頭車の形状は E6 系と同様のアローライン。ただしノーズの長さは 9 mと短くなった

従来山形新幹線は最高速度 275km/h の E3 系を使用していた。E5 系と併結し E8 系で宇都宮～福島間を 300km/h で走行することで、東京～新庄間を最大 4 分短縮する

デザインコンセプトは「豊かな風土と心を編む列車」。E3系に2014年から施されているカラーリングをほぼ引き継いでいる。車内もグリーン車は「最上川と月山」、普通車は「最上川と紅花」をテーマにコーディネイトされている

G1

17
G1

E5系 since2009

U編成（JR東日本）

はやぶさ

はやて

やまびこ

なすの

東北新幹線を320km/hで高速運転するために開発された車両で、速達列車である『はやぶさ』も同時に登場することとなった。2011年の登場時には最高速度300km/hだったが、2013年に320km/hに引き上げられ日本最速の新幹線となった。

高速で曲線を通過しつつ、乗り心地を確保する車体傾斜システムや、全車両へのフルアクティブサスペンションの搭載、グリーン車よりグレードの高いグランクラスの搭載など居住性の高さも追求されている。

最高速度▶320km/h
編成両数▶10両

ノーズはE5系で初めて採用されたダブルカスプ（アローラインの改良形）と呼ばれる形状で15 mある。トンネル微気圧波などを考慮して設計されている

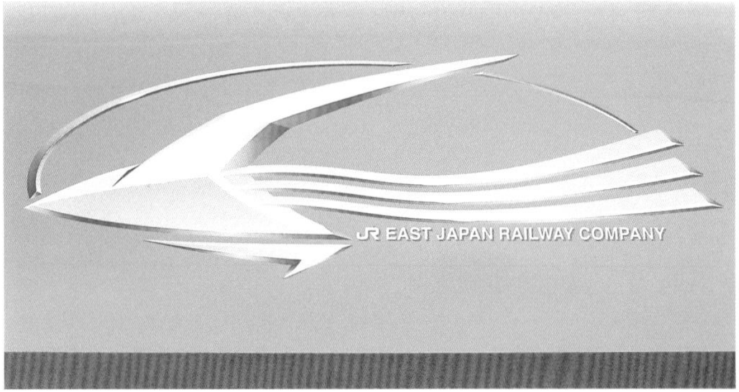

鳥のはやぶさをモチーフに、先進性とスピーと感をイメージしたという『はやぶさ』のロゴ。2009年の落成時には、ロゴはついていなかった

盛岡方の先頭車は、他の車両と併結出来るように、自動分割併合装置がノーズ先頭に内蔵されている

車両下部の「飛雲《ひうん》ホワイト」や、サイドラインの「はやてピンク」はE2系などと同様のカラーだが、車両上部は「常磐《ときわ》グリーン」。200系以来の緑色が東北新幹線に戻ってきた形だ

JR E514-29

H5系 since2014

H編成（JR北海道）

はやぶさ

はやて

やまびこ

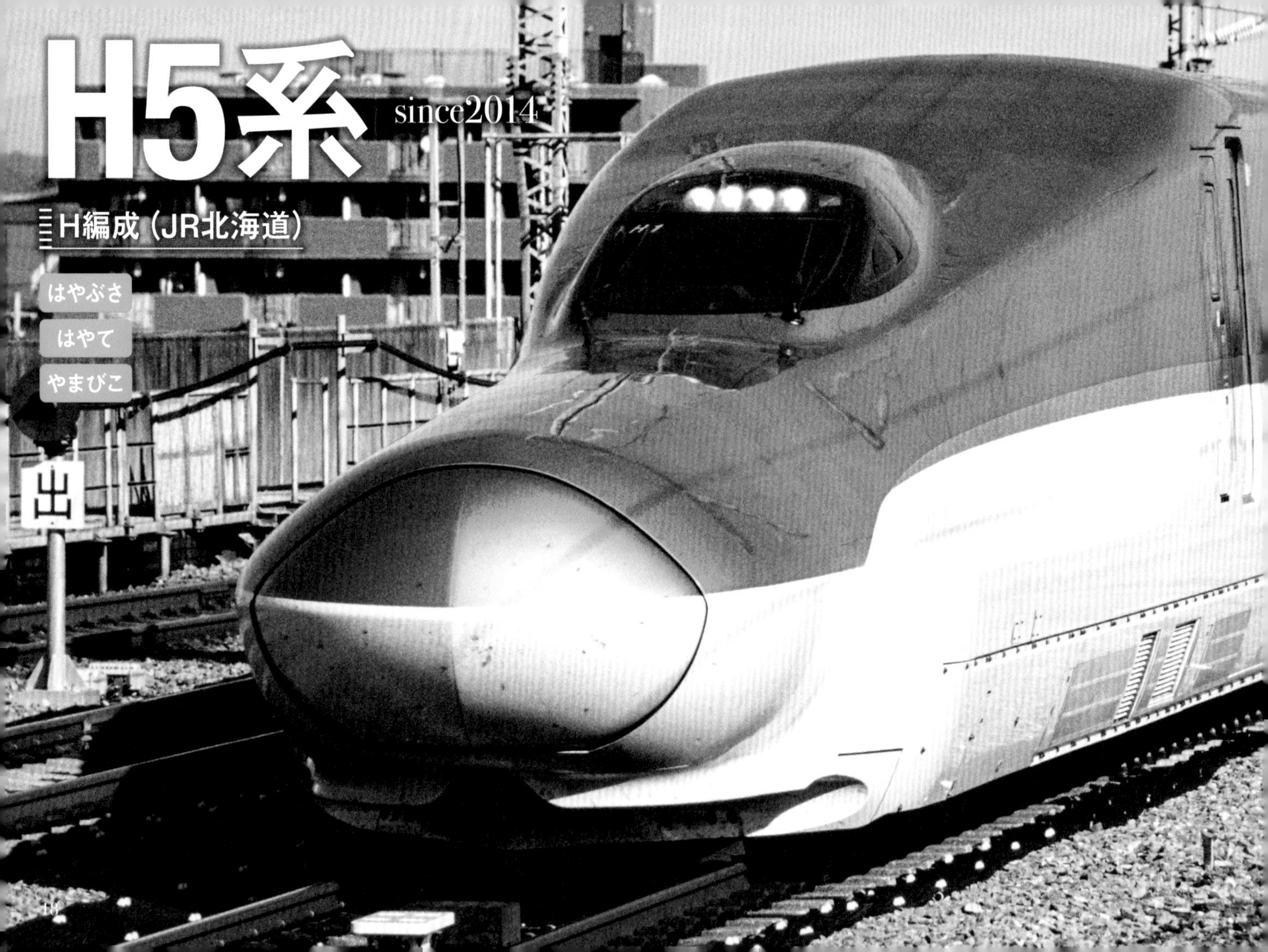

北海道新幹線・新青森〜新函館北斗間の開業に合わせ、2016年に投入されたJR北海道の車両。E5系をベースにしており車両の基本性能は同一だが、エクステリアの一部とインテリアの変更を行っている。また全席にコンセントを搭載している。

車両性能は最高速度320km/hだが、北海道新幹線区間では最大260km/h、在来線との共同区間である青函トンネル前後では最大速度160km/hで走行を行っている。

最高速度▶320km/h
編成両数▶10両

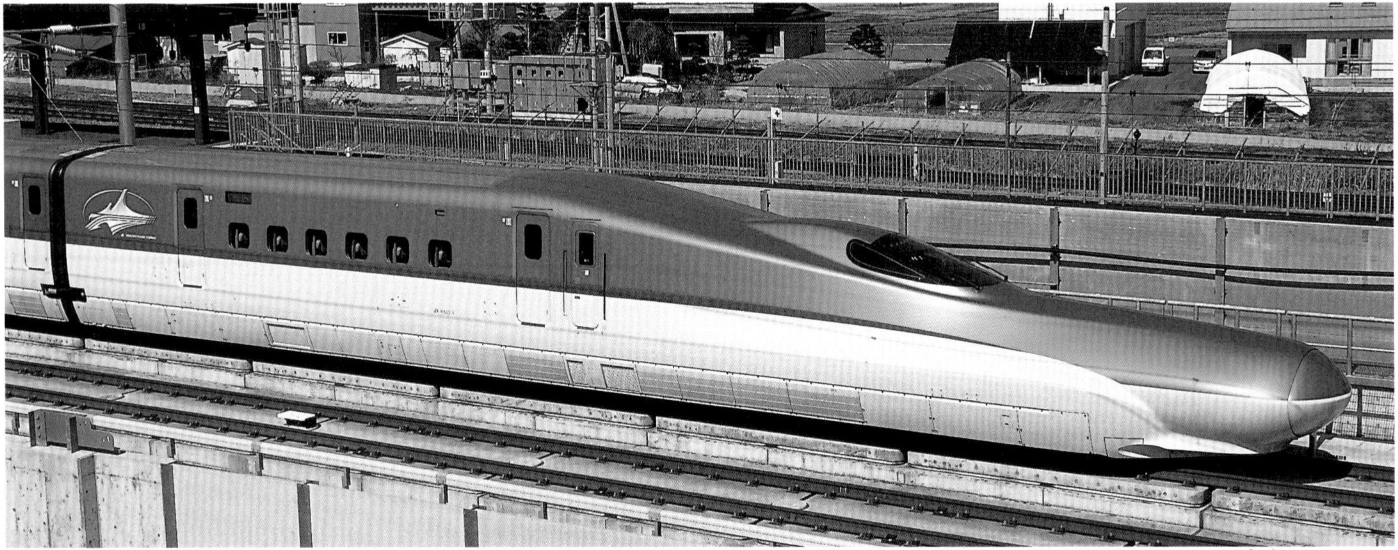

配色はE5系とほぼ同じだが、サイドラインが「彩香《さいか》パープル」という北海道のラベンダーやルピナス、ライラックを想起させる色となっている

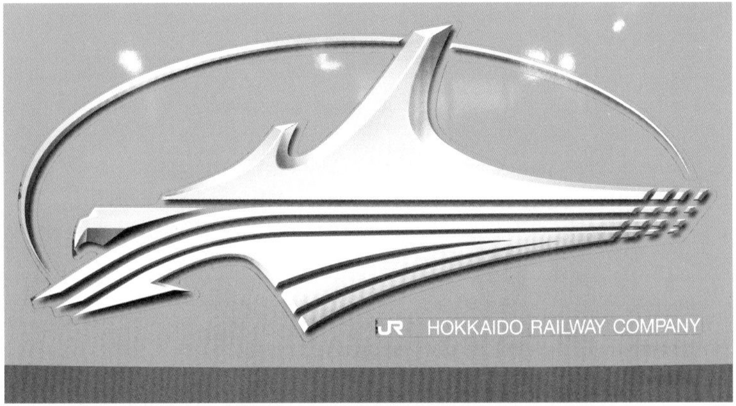

北海道へも飛来する鳥のシロハヤブサと、北海道の大地をモチーフにしたロゴ。北海道と本州が新幹線で結ばれることを表現している

正面の形状やメインのカラーリングはE5系と同様なので印象はあまり変わらないが、サイドの彩香パープルがアクセントとなっている

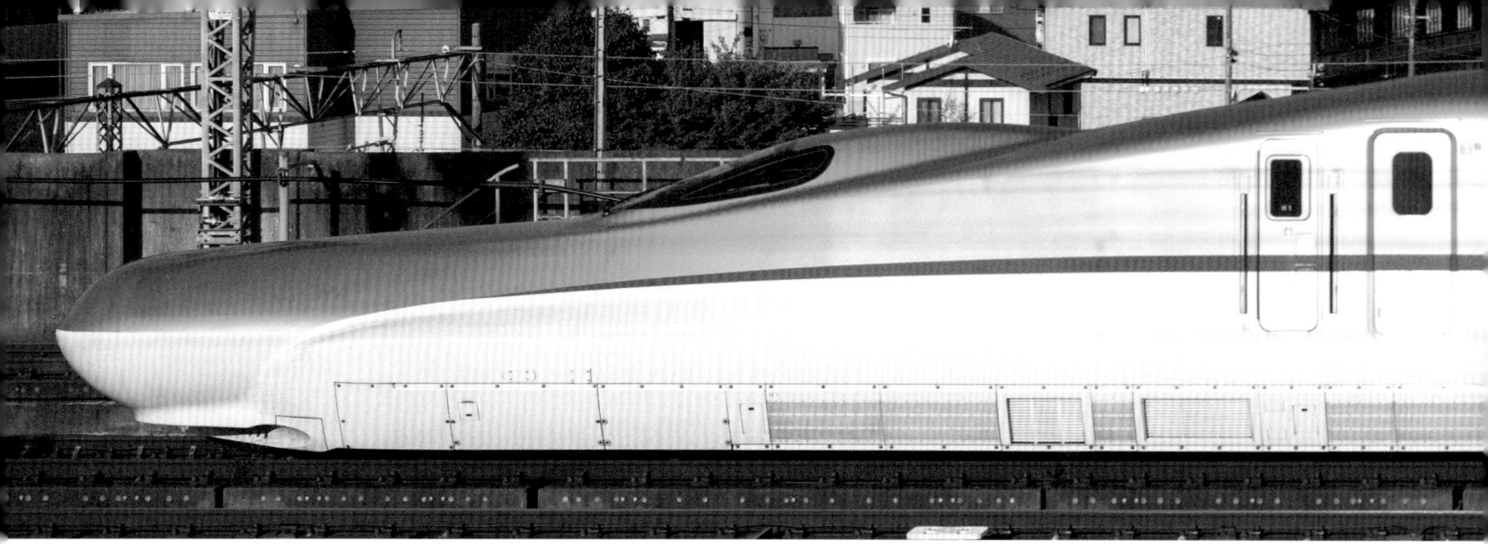

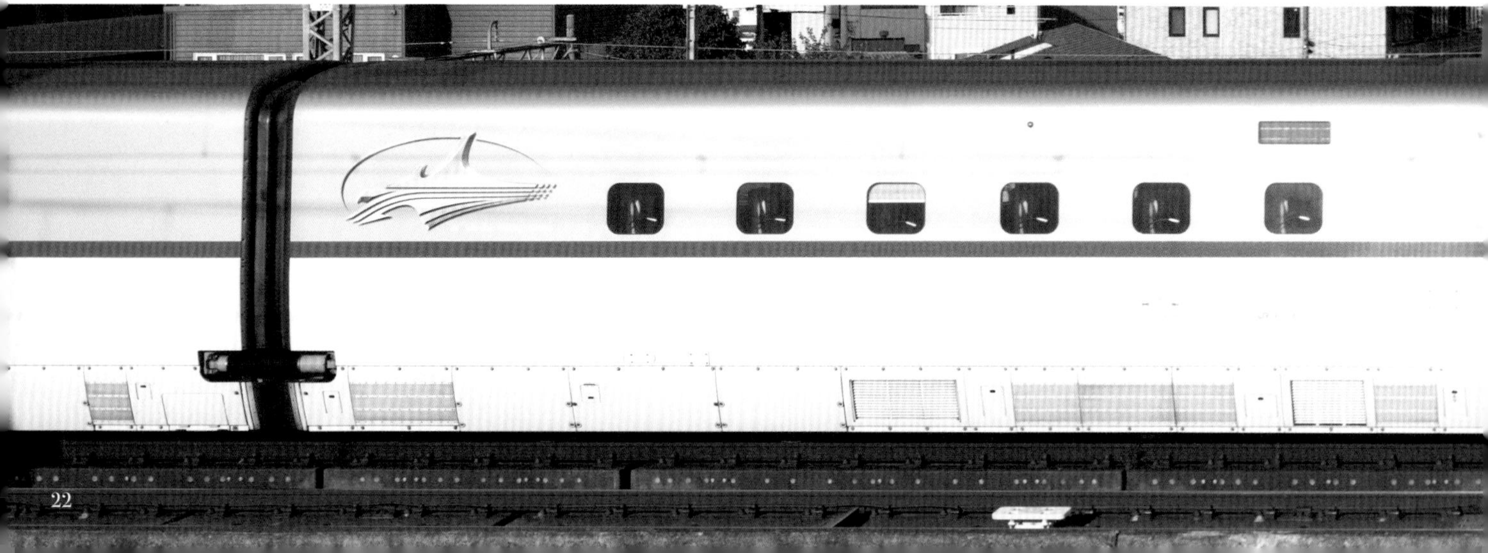

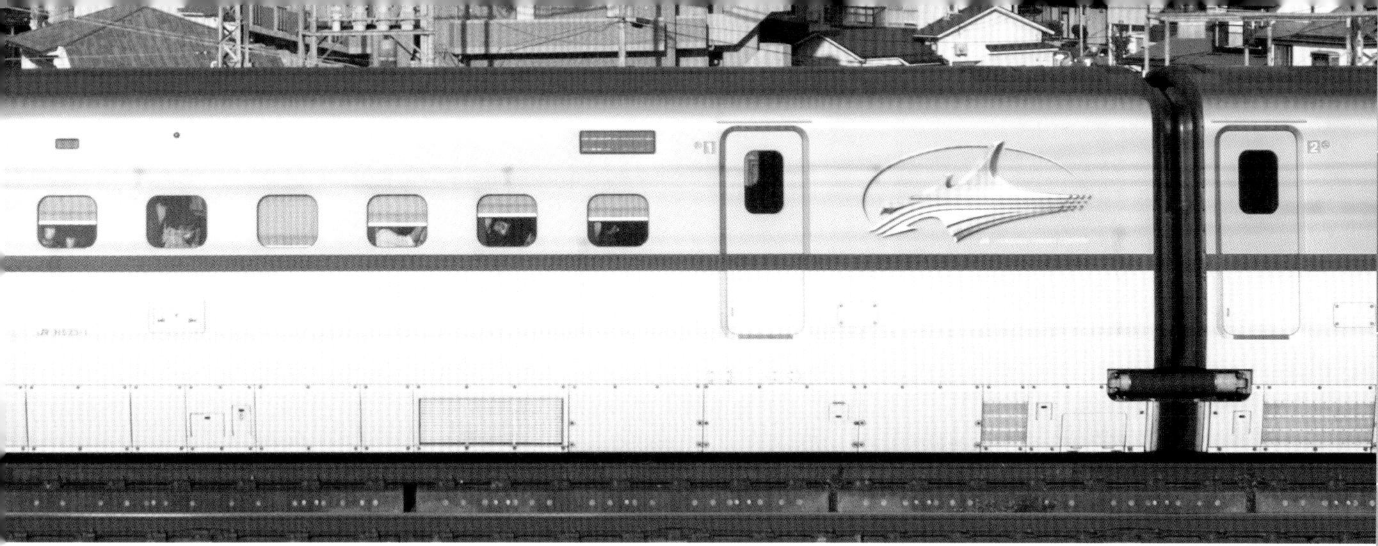

E5系と併結して東北新幹線で320km/h走行をしつつ、在来線区間も走行出来る車両として秋田新幹線用に開発された新在直通車両。2013年に『スーパーこまち』とともにデビュー。E5系との併結は、当初は300km/hでの走行だったが、2014年に320km/hに引き上げられた。同時にE3系『こまち』が引退し､『スーパーこまち』も『こまち』に変更となった。E5系と同様、車体傾斜システムやフルアクティブサスペンションを搭載するが、在来線区間を走れるよう車両幅が狭く、車体長も短くなっている。

since2010

E6系

Z編成（JR東日本）

スーパーこまち
こまち
はやぶさ
はやて
やまびこ
なすの

最高速度▶ 320km/h（新幹線）、130km/h（在来線）
編成両数▶ 7両

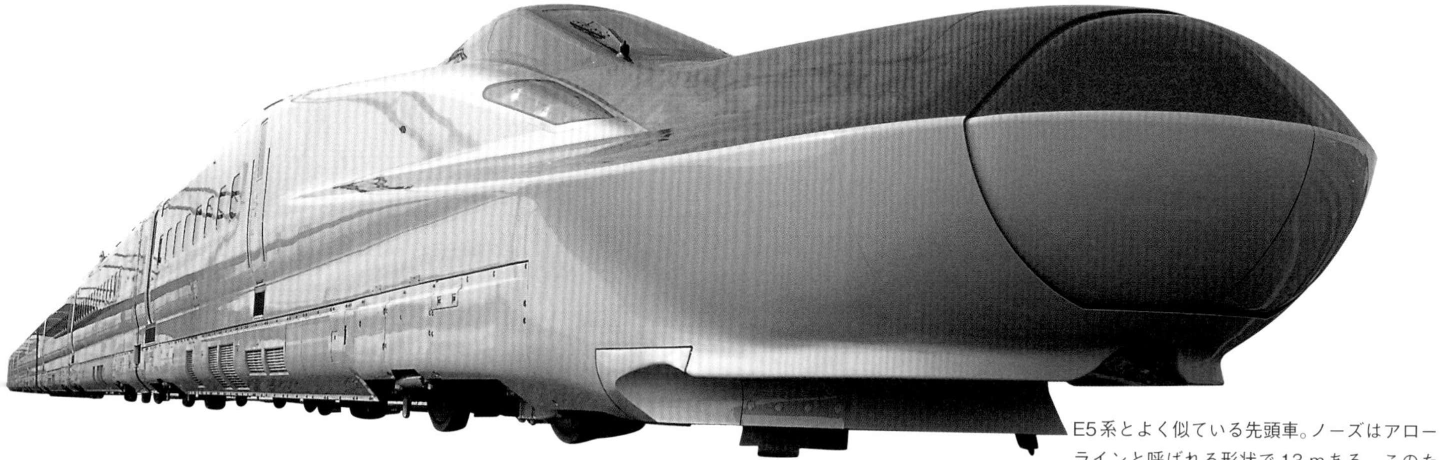

E5系とよく似ている先頭車。ノーズはアローラインと呼ばれる形状で13 mある。このため座席数がE3系と比べて少なくなった

秋田地方の出身とされる小野小町をモチーフにしたロゴマーク。赤のラインは320km/hの風、シルバーのループは現在から未来へのつながりを表現している

東京方の先頭車についている自動分割併合装置。E5系と併結して320km/hでの走行が可能となっている

E5系と比べると車体幅が狭いのが分かる。車両下部はE2系同様の「飛雲《ひうん》ホワイト」だが、上部は秋田の竿燈《かんとう》祭りをイメージした「茜《あかね》色」。サイドに雪景色や銀線細工を意識した「アローシルバー」が入っている

EAST JAPAN RAILWAY COMPANY

JR

E7/W7系 since2013

F編成（JR東日本）

W編成（JR西日本）

かがやき

はくたか

あさま

とき

たにがわ

北陸新幹線の金沢延伸に向けて開発された車両。高崎～軽井沢間にある連続した30‰勾配の碓氷峠《うすいとうげ》を走行出来るようパワーが必要なため、両先頭車以外は全て電動車となっている。E2系をベースに開発された車両で、E7系がJR東日本所属、W7系がJR西日本所属だ。E5系と同様にグランクラスが搭載されているが、シートやインテリアが若干異なる。

2014年に東京～長野間にE7系、2015年の北陸新幹線延伸開業時にW7系が投入。また2019年より、E7系は上越新幹線にも投入された。

最高速度▶ 260km/h（北陸新幹線）、275km/h（上越新幹線）
編成両数▶ 12両

先頭車形状はシンプルな流線型でワンモーションラインと呼ばれる。「アイボリーホワイト」の車体色に、上部は「空色」、サイドラインに「銅色」「空色」を入れている

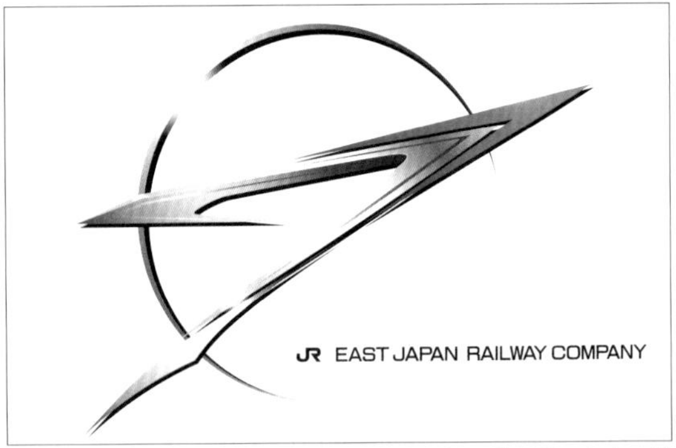

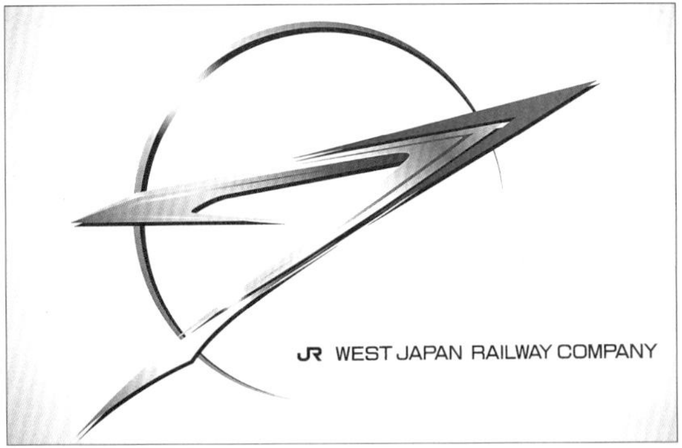

ロゴマークは7をモチーフに、矢のように鋭く前に向かう力、速さ、輝く未来を表現。E7系とW7系でロゴは共通だが、社名部分がE7系はEAST JAPAN RAILWAY COMPANY、W7系はWEST JAPAN RAILWAY COMPANYとなっている違いがある

北陸の雪に対応するためにスノープラウをつけているが、低騒音化を図るために部分的にへこませるなどの対策をしている。また、車輪の前にあるゴム板も従来のものより厚みを持たせている

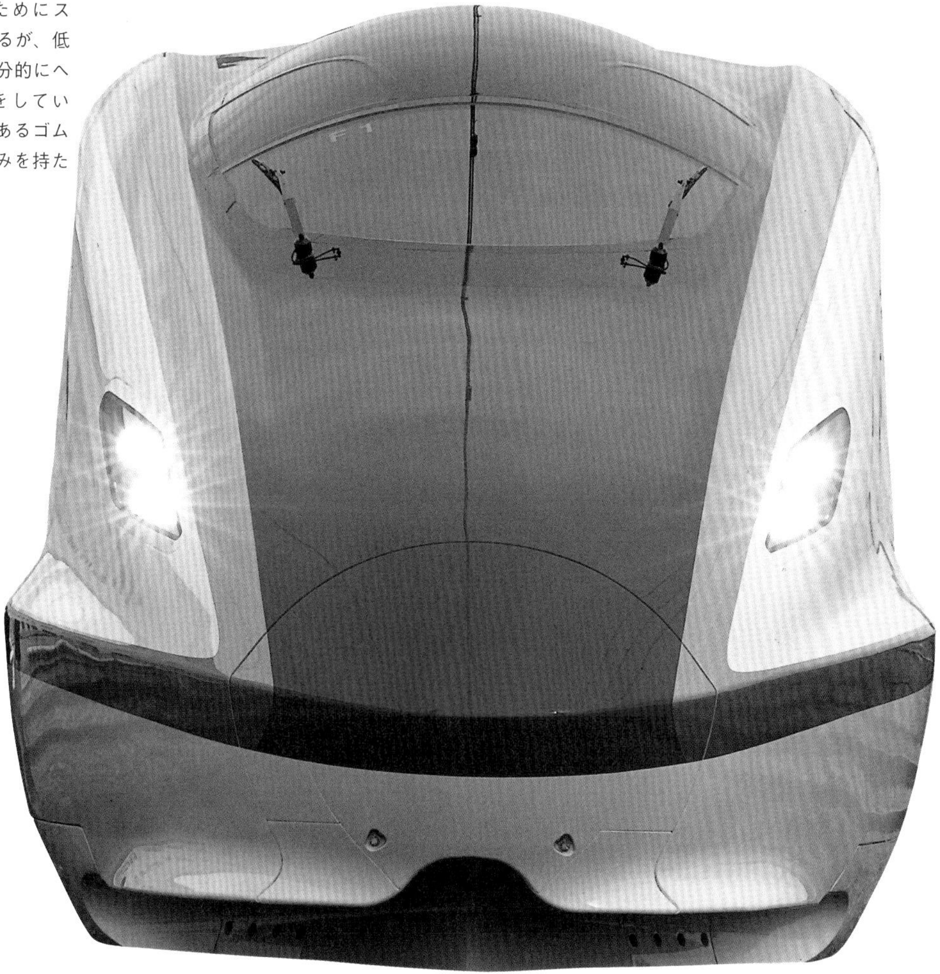

F 29
JR E714-29

F29
JR E723-29

since2019

E7系

F21/F22編成（JR東日本）

とき

たにがわ

上越新幹線で運用されていたE4系の引退、E2系の上越新幹線での運用終了へ向けて、E7系の導入が2019年3月16日に開始。それに合わせて従来の上越新幹線のイメージカラーでもある「朱《と》鷺《き》色」をサイドラインにあしらい、ロゴマークを追加したE7系が期間限定で投入された。

この特別車両はF21編成とF22編成の2編成のみで、2021年3月12日までの運用となった。2023年3月18日より、上越新幹線はE7系のみの運用となり、上越・北陸両新幹線でE7系を共通運用している。

最高速度▶ 260km/h（北陸新幹線）、275km/h（上越新幹線）
編成両数▶ 12両

最高速度▶ 275km/h（新幹線）、130km/h（在来線）
編成両数▶５両→６両

since1995

E3系

S8編成（JR東日本）

R編成（JR東日本）

こまち

やまびこ

なすの

1997年に開業する秋田新幹線用の新在直通車両として開発され、同時に『こまち』も誕生した。新在直通車両としては400系に次いで2代目となる。E2系との併結運用を考慮して設計され、東北新幹線区間では275km/h、在来線区間では130km/hで走行が可能。

1995年に落成した量産先行車のS8編成や、初期の量産車であるR編成では当初は5両編成だったが、秋田新幹線の需要増加に応じて1998年に6両編成となっている。

量産先行車であるS8編成の先頭車。全体的に丸っこい雰囲気で、ライトもセンター寄りに置かれている

量産車であるR編成の先頭車。角ばった印象のデザインに変更となり、ライトの位置や形状も変更となった

東京方の1号車には自動分割併合装置が内蔵されており、200系やE2系、E5系との併結が可能となっている

S8編成にのみ入っていたE3系を表すロゴマーク。これ以降、JR東日本の車両に車両形式名を入れたロゴは登場していない

当初は『こまち』専用だったためロゴマークが入れられていた。E6系の充当に伴い、2014年3月14日で『こまち』運用は終了した

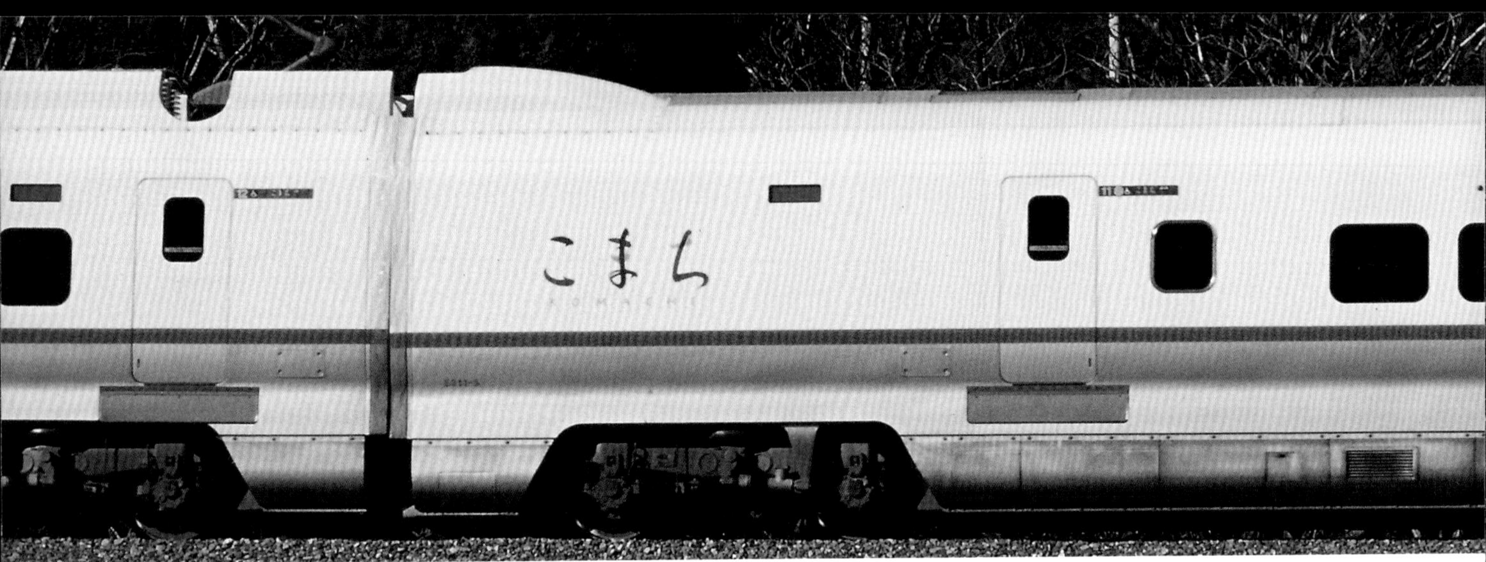
こまち

こま

1999 年の山形新幹線・新庄延伸に合わせて、新たに『つばさ』用のL編成 1000 番代が製造された。シルバーをベースカラーにグリーンのラインを入れたカラーリングで、７両編成。L51 ～ L53 の３編成のみだった。

2008 年に、400 系が山形新幹線から引退するのに伴い、新たなL編成 2000 番代が投入。サスペンションやコンセントの搭載など、様々な変更が加えられている。

最高速度▶ 275km/h（新幹線）、130km/h（在来線）
編成両数▶７両

since1999

E3系

L編成（JR東日本）

つばさ

なすの

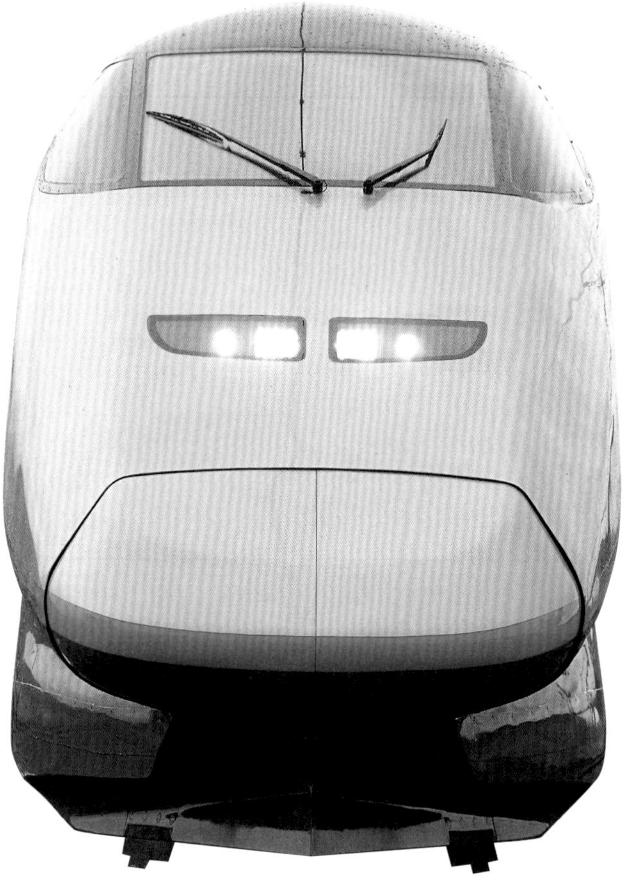

L編成1000番代の正面。見た目の形状はR編成とほぼ一緒だが、ワイパーの数が異なっている

L編成2000番代の正面。基本的な形状は変わらないが、ヘッドライトの形が左右それぞれ180度ほど異なっている

3編成しか製造されなかった1000番代。写真は在来線区間を走るL52編成

400系『つばさ』と同じロゴマークが車両サイドにつけられた

JR EAST JAPAN RAILWAY COMPANY

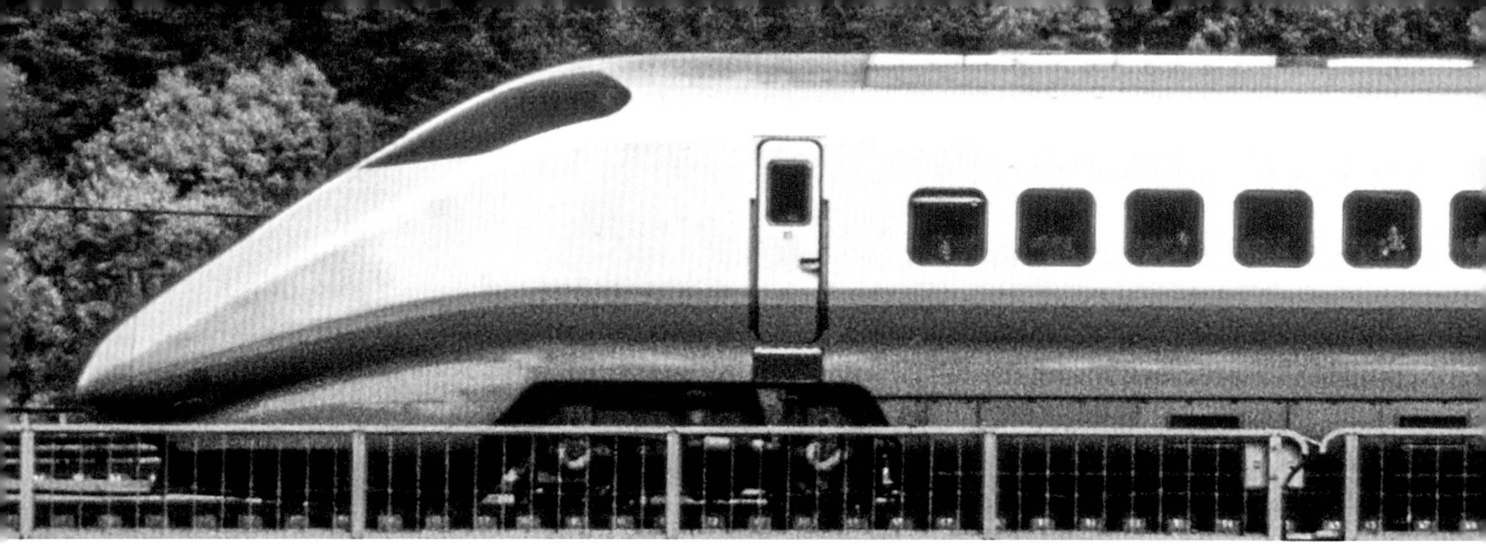

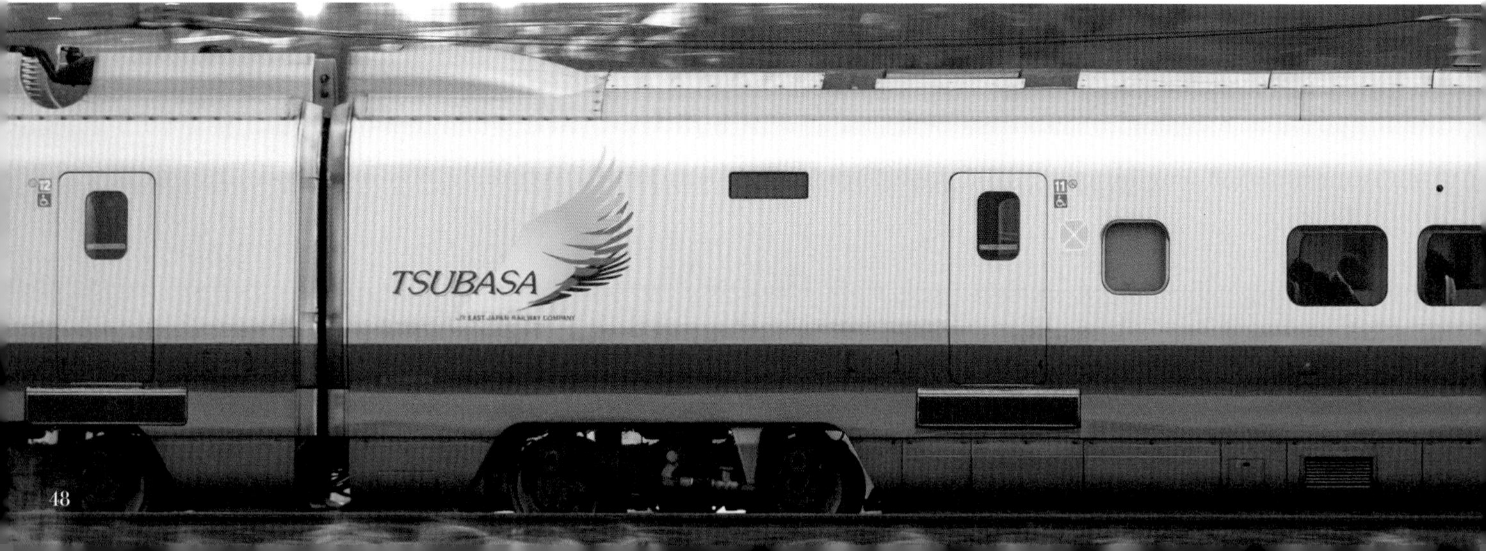

TSUBASA

2014年～2016年にL編成のカラーリングが変更となった。山形県に関連したものがモチーフとなっており、ベースカラーは「蔵王《ざおう》ビアンコ」、正面から天井にかけては「おしどりパープル」、車両のサイドラインは「紅花イエロー」、車両正面のラインは「紅花レッド」となっている。

またL51、L52編成が廃車になり、代わりに元『こまち』だったR編成を改造し、L54、L55編成が加わっている。

since2014

E3系

L編成（JR東日本）

つばさ
なすの

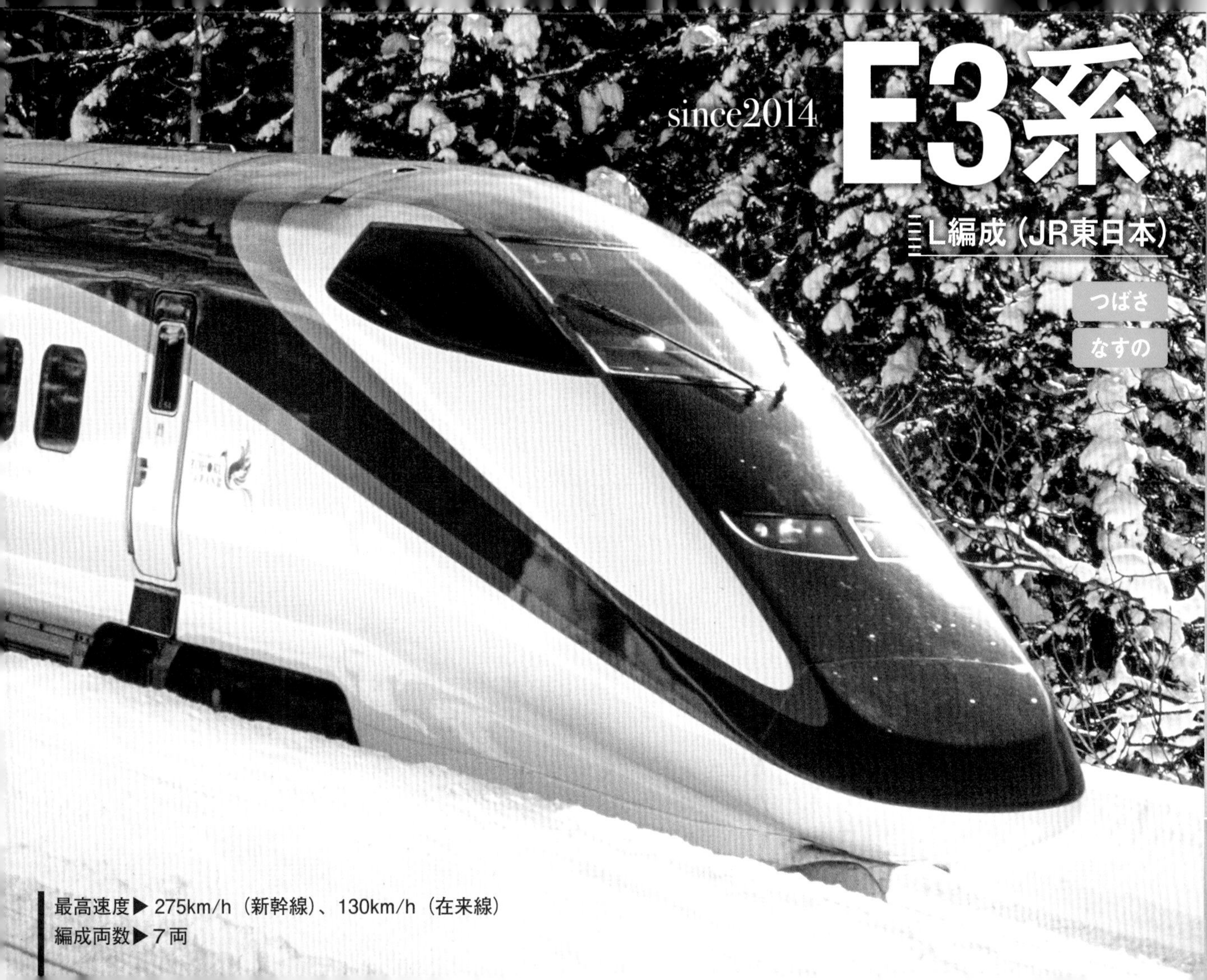

最高速度▶ 275km/h（新幹線）、130km/h（在来線）
編成両数▶ 7両

L編成1000番代と2000番代の正面。カラーリングの変更だけだが、従来と大きくイメージが変わっている

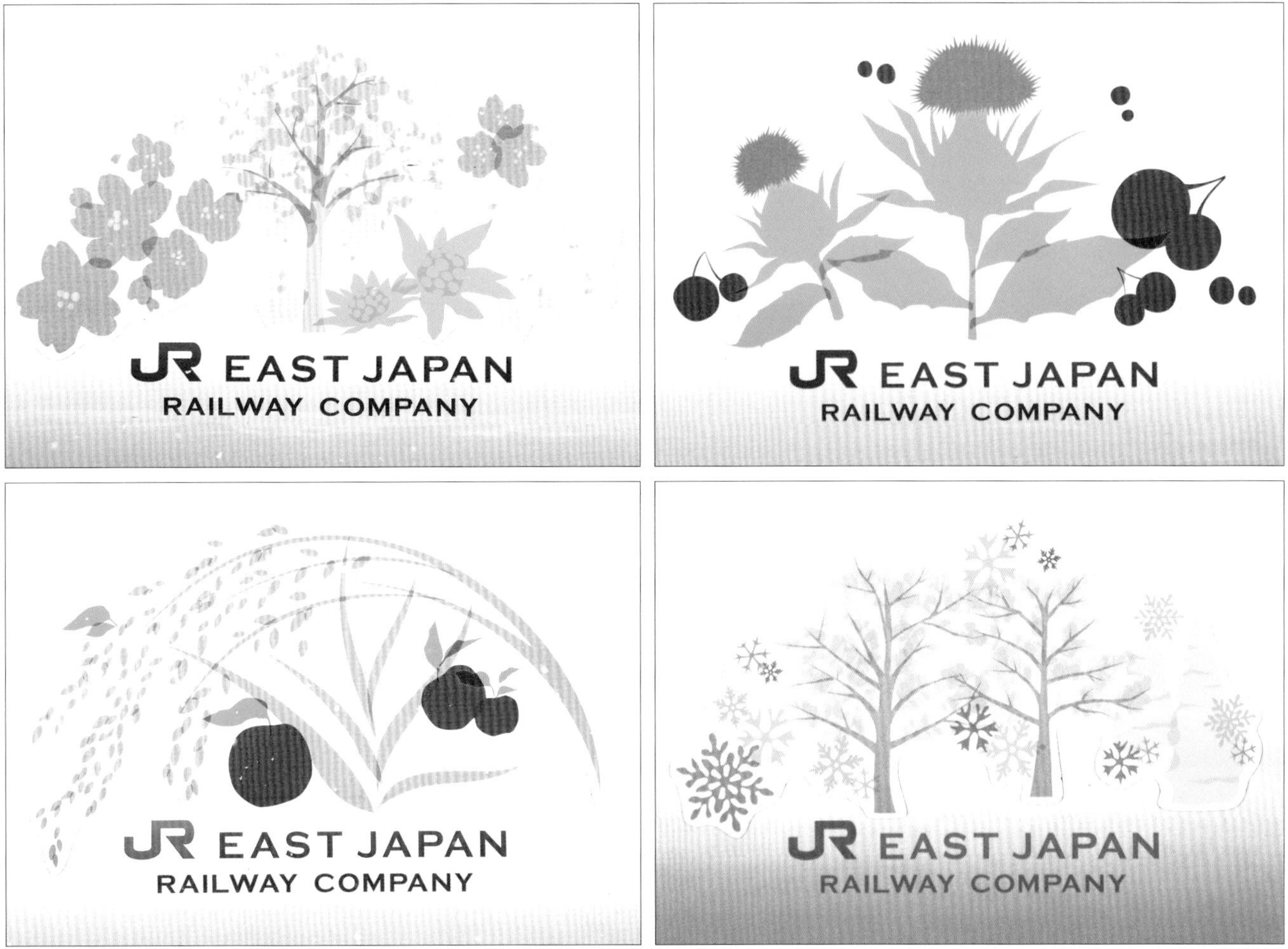

車両サイドに入れられた各種ロゴマークは山形県の四季を表現している。春の桜とふきのとう、夏の紅花とさくらんぼ、秋の稲穂とりんご、冬の蔵王の樹氷だ

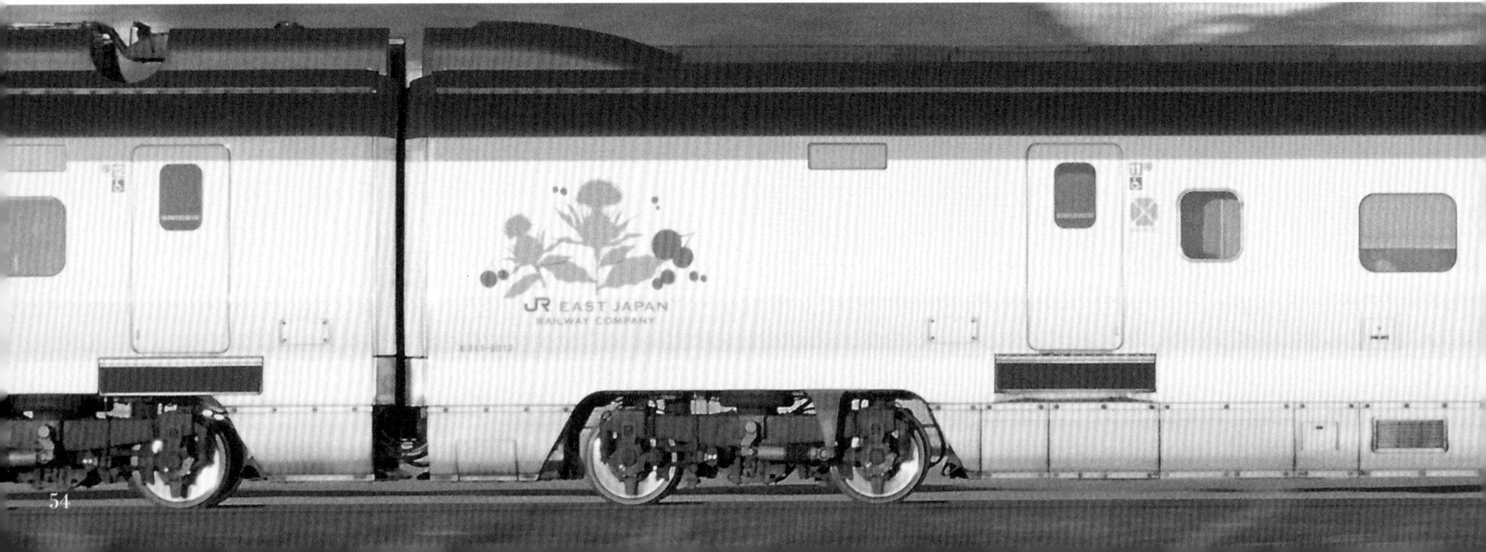
JR EAST JAPAN
RAILWAY COMPANY

北海道
秋田
東北
山形
上越
北陸
東海道
山陽
九州
西九州
鹿児島

E3系 since2014

R18編成（JR東日本）

とれいゆつばさ

山形デスティネーションキャンペーンの開催に合わせて、2014年に『とれいゆつばさ』が誕生。新幹線初のリゾート列車で、車内に足湯が設置されていたり、畳敷きの掘りごたつラウンジや、畳のお座敷指定席があるなど、さまざまな試みがされた車両となっていた。

食、温泉、歴史・文化、自然を温泉街のように散策しながら列車の旅を楽しむというコンセプトの車両だったが、2022年３月で運行を終了した。

最高速度▶275km/h（新幹線）、130km/h（在来線）
編成両数▶６両

R 18

「月山《がっさん》グリーン」と「蔵王《ざおう》ブライト」をベースカラーに、「もがみブルー」と「つばさグリーン」を配している。主に福島～新庄間を走行した

16号車に配置されている足湯。足湯利用券を購入すると、一人15分利用できた。またオリジナルの手ぬぐいがついてきた

15号車には畳敷きの「湯上がりラウンジ」でくつろげる。また各指定席の座席も畳敷きとなっていた

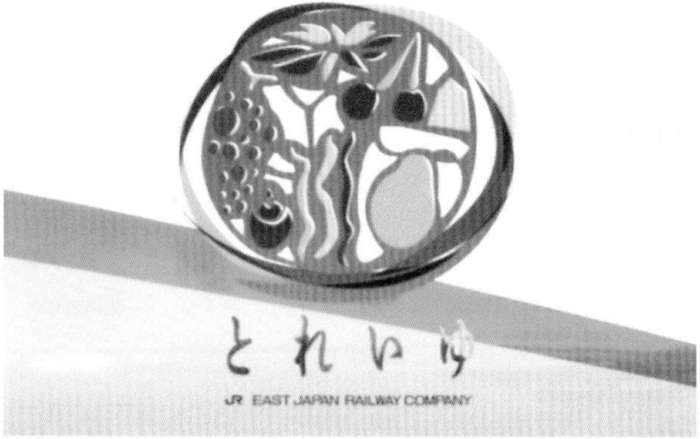

愛称のとれいゆは、トレイン（英語の列車）とソレイユ（仏語の太陽）を合わせた造語。ロゴには、山形の特産物である紅花、洋梨、将棋の駒などがデザインされている

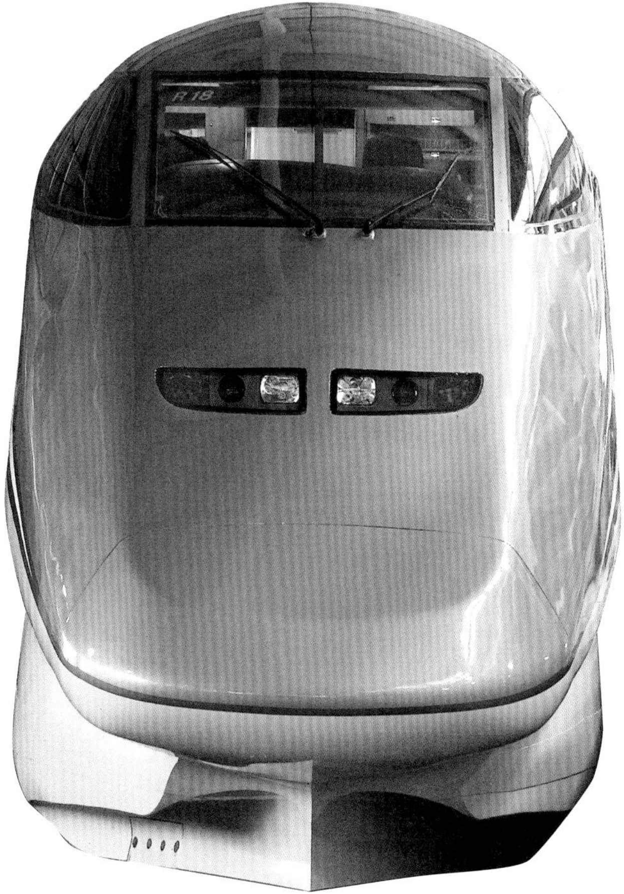

ベースとなったのは『こまち』として運用されていたR18編成

北海道
東北
秋田
山形
上越
北陸
東海道
山陽
九州
西九州
鹿児島

E3系 since2016

R19編成（JR東日本）

とき

「世界最速の美術館」のキャッチコピーで2016年に登場した『現美新幹線』。車両の内外で現代美術を展示・表現した新幹線で、R19編成をベースに改造された6両編成。各車両ごとに異なるアーティストの作品が展示されたほか、車両の外観はミッドナイトブルーの地に、長岡の花火をモチーフにしたアートがラッピングされている。

土日休を中心に、主に上越新幹線の越後湯沢～新潟間で1日3往復設定されていた。2020年に引退している。

最高速度▶ 275km/h（新幹線）、130km/h（在来線）
編成両数▶ 6両

最高速度▶ 275km/h（東京～盛岡間）、260km/h（高崎～長野間）240km/h（大宮～新潟間）
編成両数▶８両

東北・上越・北陸のJR東日本の各新幹線で運用できる車両として開発された。50/60Hzの両電源周波数対応や、急勾配のある碓氷《うすい》峠《とうげ》に対応したブレーキシステムを搭載。

東北新幹線での運用を想定したJ編成では、盛岡方の先頭車に自動分割併合装置を搭載しており、1997年３月に同時デビューとなったE3系との併結運転で275km/hでの走行が可能。N編成は1997年10月に開業の北陸新幹線に向けた編成で、自動分割併合装置を搭載していない。

since1995

E2系

S6/S7編成（JR東日本）

J/N編成（JR東日本）

やまびこ

あさひ

あさま

なすの

たにがわ

北陸新幹線からの引退前につけられたロゴマーク。『あさま』として運用されていた

S7 編成の８号車。ノーズの先頭には自動分割併合装置が搭載されているが、それ以外は S6 編成と変わらない

J 編成の先頭車に搭載された自動分割併合装置。N 編成には搭載されていない

ベースカラーは「飛雲《ひうん》ホワイト」と「紫苑《しおん》ブルー」。サイドに赤のラインが入っている。量産先行車となるS6編成は自動分割併合装置はなく、S7編成は自動分割併合装置がついていた

S7
JR E224-101

E2系 since2002

J編成（JR東日本）

はやて

やまびこ

なすの

とき

たにがわ

2002年12月の東北新幹線・盛岡〜八戸間延伸に伴う需要増大に対応するため、J編成を10両編成化する改造が行われた。

同時にJ編成1000番代が新造され、2002〜2005年、2010年に投入されている。1000番台は電源周波数変換装置や急勾配対応がされていないため、北陸新幹線には乗り入れできない車両となっている。

これらは従来の「飛雲《ひうん》ホワイト」「紫苑《しおん》ブルー」をベースにしながらも、サイドのラインがピンクに変更されている。

最高速度▶ 275km/h（東京～盛岡間）、260km/h（盛岡～新青森間）240km/h（大宮～新潟間）
編成両数▶ 10 両

2024年現在、E2系が併結して走行するのはE3系のみとなっている

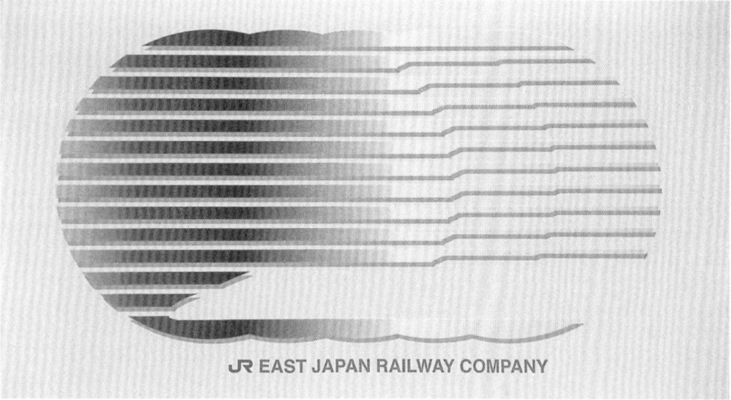

新たに設定されたロゴマーク。リンゴのシルエットをイメージした形状に、E2系新幹線のシルエットが切り抜かれている

基本的な形状はJ編成と特に変更はない。2010年に投入されたJ70～J75編成のみ車内装備がE5系に近いものとなっており、グリーン席と窓側席にコンセントがつくようになった

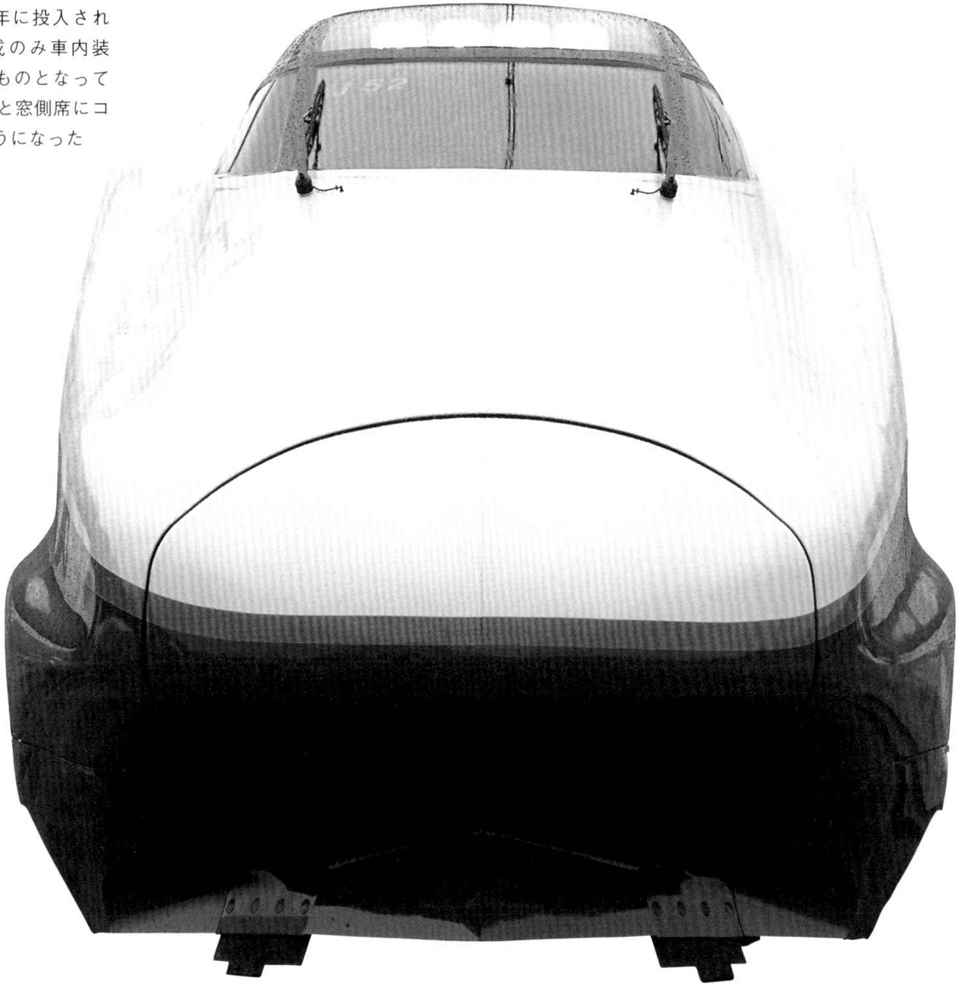

13
Tōkyō

JR E224-1121

E2系 since2022

J66編成（JR東日本）

やまびこ

なすの

とき

たにがわ

2022年に日本の鉄道が開業して150周年を迎えた。同時に、東北・上越新幹線も40周年を迎えている。このタイミングを記念して、200系新幹線のカラーリングをリバイバルした車両が登場。

J編成1000番代のJ66編成をベースに、クリーム10号の地＋緑14号のサイドラインの専用塗装をしたもので、2022年6月から走行を開始し、東北新幹線や上越新幹線で走行を行った。

2024年3月をもって運用を終了した。

最高速度▶275km/h（東京～盛岡間）、260km/h（盛岡～新青森間）240km/h（大宮～新潟間）
編成両数▶10両

P 1

since1997

E4系

P編成（JR東日本）

- Maxやまびこ
- Maxなすの
- Maxあさひ
- Maxあさま
- Maxとき
- Maxたにがわ

オール2階建て新幹線の2代目となる車両。12両1編成だったE1系と異なり、8＋8での16両編成とすることで、1編成での大量輸送の需要に応えつつ、閑散期には8両編成で運転することでコストを抑えた運用が可能になっている。またE1系と比べ約400名の定員増となる1,634名を輸送できる。

1997年に東北新幹線でデビューし、1999年からは400系やE3系と併結運転なども行っている。2001年より上越新幹線に投入された。

最高速度▶240km/h
編成両数▶8両、16両

２階建てという背の高さと、11.5ｍのロングノーズが特徴的。
運転台の視認性を確保するためキャノピータイプとなっている

E1系で使われたMaxロゴをアレンジして、イエローのストライプシャドウが入れられた

両先頭車には自動分割併合装置が内蔵されており、E4系同士、あるいは400系やE3系などと連結が可能となっている

「飛雲《ひうん》ホワイト」と「紫苑《しおん》ブルー」をベースに「山吹《やまぶき》イエロー」のラインが入った配色となっている

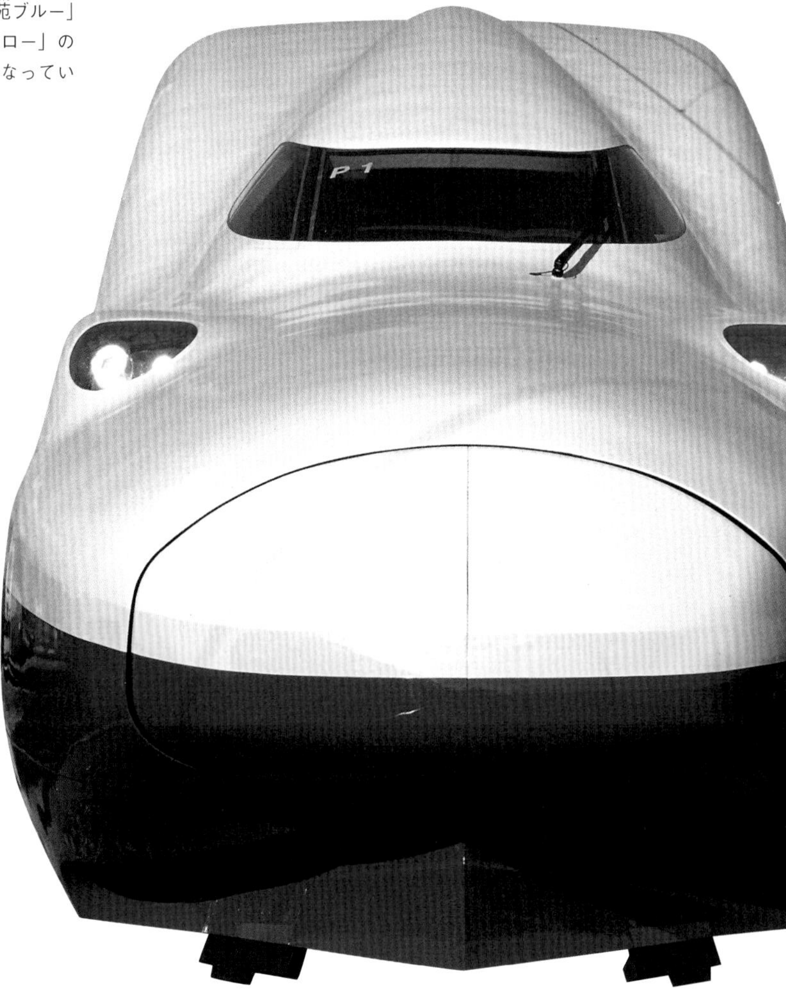

最高速度▶ 240km/h
編成数▶ 8 両、16 両

2014 年に E1 系と同じカラーリングに変更。これは新潟デスティネーションキャンペーンと連動したもので、センターのラインを朱鷺色に変更したほか、Max のロゴマークも朱鷺のイラストを加えたものに変更となった。

2021 年の 10 月に引退することとなり、同年 3 月よりラストランキャンペーンが開始。専用のロゴマークも設けられた。E4 系の引退とともに Max の名称も終了となった。

since2014

E4系

P編成（JR東日本）

Maxとき

Maxたにがわ

塗色変更後のロゴ。Max のロゴタイプが従来のものと変更になったうえ小さくなり、朱鷺《とき》のイラストが大きく配置された

2階建てのため車高の高い E4 系。トンネルギリギリのサイズなのが分かる

塗装の変更は一気に行われたわけではなく順次行われたため、山吹《やまぶき》イエローのE4系と、朱鷺色のE4系が連結するなどという場面もあった

M 2

since1994

E1系

M編成（JR東日本）

- Maxやまびこ
- Maxあおば
- Maxあさひ
- Maxなすの
- Maxとき
- Maxたにがわ

全車両2階建てという初めての新幹線。東北新幹線の輸送需要の増大に応えるべく、1編成で大量輸送を目的に開発された。そのため普通車自由席の座席は3＋3となり、定員数は1,235名となっている。

1994年3月の落成当初はDDS（Double Decker Shinkansen＝2階建て新幹線）というロゴが入れられていたが、7月の営業運転開始時にはMaxのロゴに変えられている。これはMulti Amenity eXpress＝様々な快適性を持つ特急列車の意味を持っている。

最高速度▶240km/h
編成両数▶12両

当初入れられていたロゴ。DDS のほかに E1 と加えられている

先頭車はエアロダイナミックノーズと呼ばれる形状。運転台はキャノピータイプだ

営業運転時につけられたロゴ。Max の呼称は以後の E4 系にも継がれた

2階建ての上下階を分けるようにグリーンのラインが入れられている

東北新幹線ならびに上越新幹線で運用が行われたが、全部で6編成しか製造されなかった

E1系 since2003

M編成（JR東日本）

Maxとき

Maxたにがわ

1999年2月で東北新幹線の運用が終了し、E1系は上越新幹線のみでの運用となった。登場より約10年が経過した2003年より、全車リニューアル工事が行われた。

シートの変更など内装のリニューアルのほか、塗装も変更。E2系と同様のベースカラーに、センターのラインを朱鷺《とき》色に変更。ロゴマークもリニューアルされている。

最高速度▶ 240km/h
編成両数▶ 10 両

E5 系が東北新幹線へ投入されたことで、東北新幹線の E4 系が上越新幹線に移され、E1 系は引退となっていった

MaX
Multi Amenity Express
JR EAST JAPAN RAILWAY COMPANY

E4 系でアレンジされたロゴマークをベースに、カラーリングを変更し朱鷺のイラストが配置された新ロゴ

「飛雲《ひうん》ホワイト」と「紫苑《しおん》ブルー」に朱鷺色のラインとしたE1系。2002年に登場のE2系とほぼ似たカラーリングとなった

since1990

400系

S4編成（JR東日本）
L編成（JR東日本）

つばさ

　在来線の軌道を新幹線の幅に拡張し、新幹線と在来線を同一の車両で乗り入れるというミニ新幹線。山形新幹線がこの方式で 1992 年に開業するため、新たに専用の車両が開発された。新幹線規格の線路を走れる高速性と堅牢性を備えつつ、在来線規格の幅の狭いトンネルやホームを利用できる車両が求められた。また新幹線区間では、ほかの新幹線車両との併結ができるよう、自動分割併合装置が設けられた。
　1992 年、山形新幹線とともに 400 系『つばさ』がデビューした。

最高速度▶ 240km/h（新幹線）、130km/h（在来線）
編成両数▶ 6 両→ 7 両

車両全体がシルバーメタリックという従来にない塗装となった400系。窓の部分にのみダークグレーとグリーンの帯が入っている

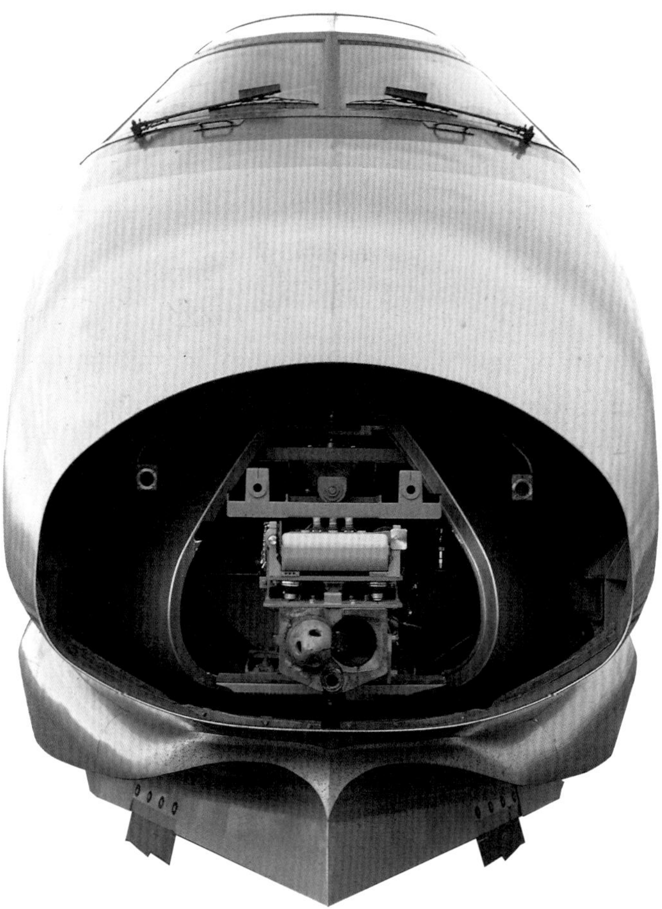

東京方の先頭車に自動分割併合装置を搭載。当初は200系K編成との併結を行った

幅が狭い車両のため、新幹線のホームでは乗降ドアの下にステップが出るようになっている。これらの仕組みは以降の E3 系、E6 系、E8 系でも同様に継承されている

車両サイドの帯の上に、400 系のロゴが入れられている。列車名ではなく車両形式が入れられた JR 東日本では珍しいパターン

量産先行車となる S4 編成は 1990 年に落成。運転台の窓下にある丸窓が S4 編成の特徴で、量産車の L 編成には丸窓がない

400

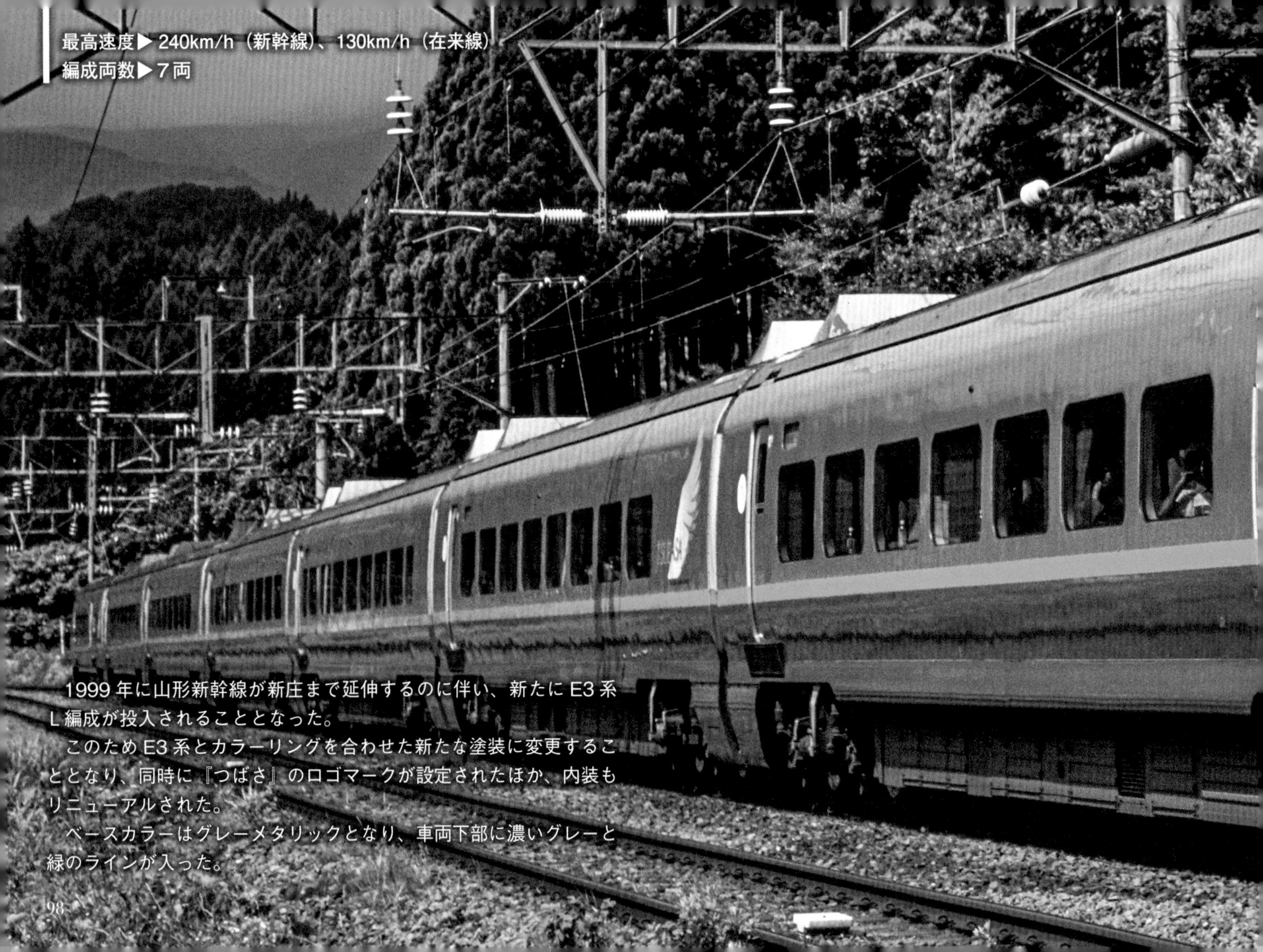

最高速度▶240km/h（新幹線）、130km/h（在来線）
編成両数▶7両

1999年に山形新幹線が新庄まで延伸するのに伴い、新たにE3系L編成が投入されることとなった。

このためE3系とカラーリングを合わせた新たな塗装に変更することとなり、同時に『つばさ』のロゴマークが設定されたほか、内装もリニューアルされた。

ベースカラーはグレーメタリックとなり、車両下部に濃いグレーと緑のラインが入った。

since1999

400系

L編成（JR東日本）

つばさ

なすの

JR

TSUBASA

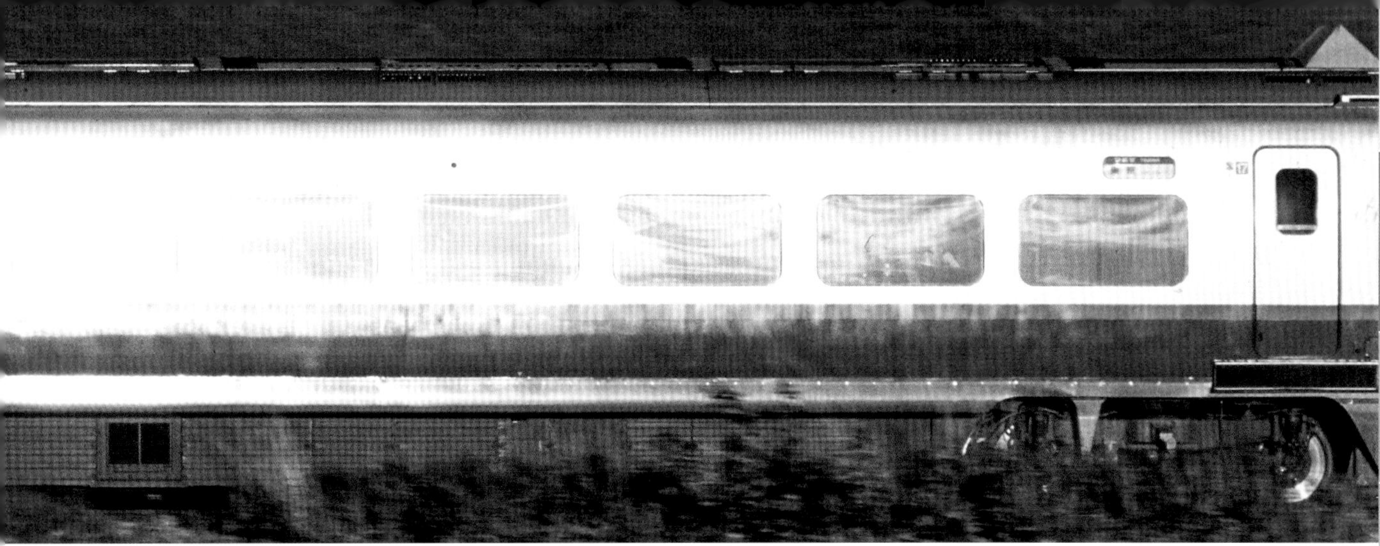

200系 since1980

E/F/G編成（JR東日本）

あおば

やまびこ

なすの

たにがわ

とき

あさひ

あさま

比較的温暖な東海道・山陽のエリアと異なり、冬季の寒冷や降雪のある東北・上越で新幹線を走らせるには、車両や軌道などあらゆる面に対策が必要となった。試作車両である962形や、検測車両である952形S1編成での試験を経て開発されたのが200系だ。床下機器を保護するため車両下部をカバーしたり、スカートにスノープラウを備えるなど様々な対策が施された。

1982年の営業運転開始時の最高速度は210km/hだったが、1983年には240km/h、1990年には上越新幹線の一部区間で275km/hを実現した。

最高速度▶ 275km/h（上毛高原～浦佐間）、240km/h
編成両数▶ 8両、10両、12両

クリーム10号をベースに緑14号の配色が特徴。またスカートにスノープラウを備え、積雪対策を行っている

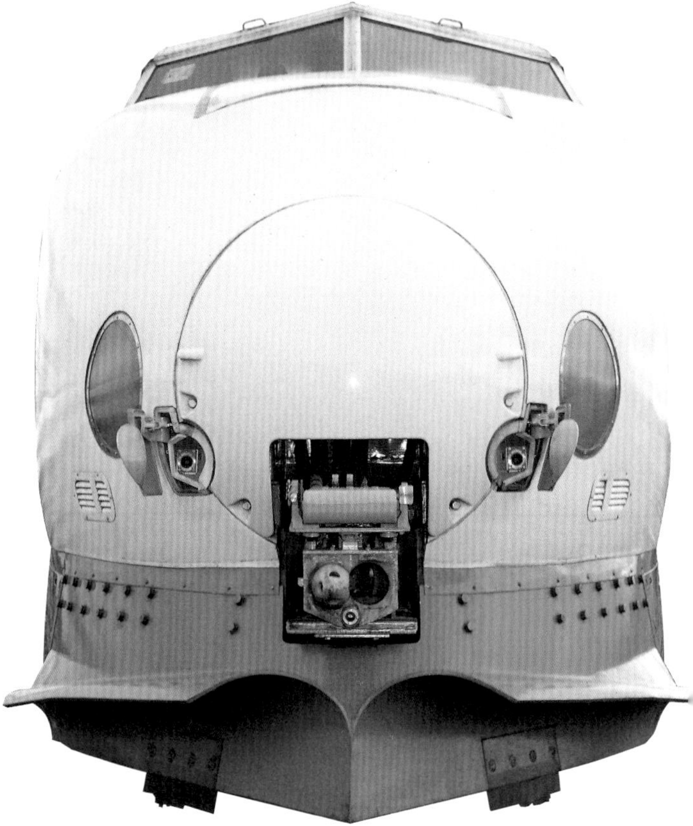

400系新幹線と併結するため、1992年にF編成を改造して盛岡方の先頭車に自動分割併合装置を搭載。K編成となった

1990年に登場したH編成。本来はシャークノーズとなるはずだが改造が間に合わず、ピンストライプのみが追加された珍しい車両

400系と併結する200系。この仕組みが、現在のE5系＋E6系、E5系＋E8系の連結に継がれている

E30
E30

39-1
39-2
E30
222-30
E30

最高速度▶ 245km/h
編成両数▶ 12両、13両、16両

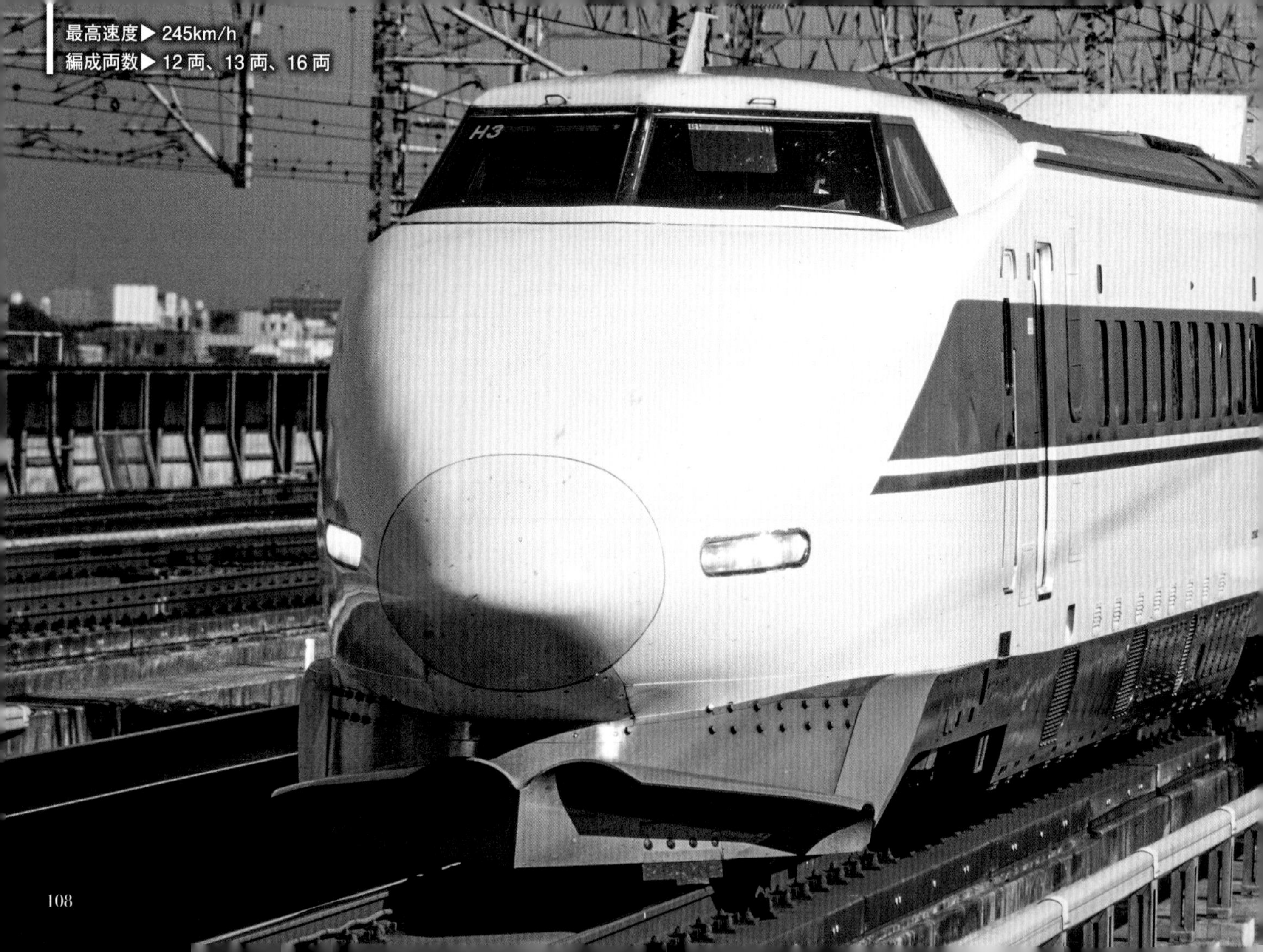

since1990

200系

H編成（JR東日本）
F編成（JR東日本）

あおば
やまびこ
なすの

国鉄が分割民営化され、東北・上越新幹線などがJR東日本の管轄となった後に組成された200系で、1990年以降に登場。100系と似たシャークノーズの先頭車と、サイドにピンストライプが入っているのが大きな特徴。

H編成は2階建て車両を1両連結し、13両編成で登場。後に2階建てを2両にしたほか、16両編成化した。

またF編成の2000番代車と、先頭車改造車である200番代の一部がこの仕様で登場した。

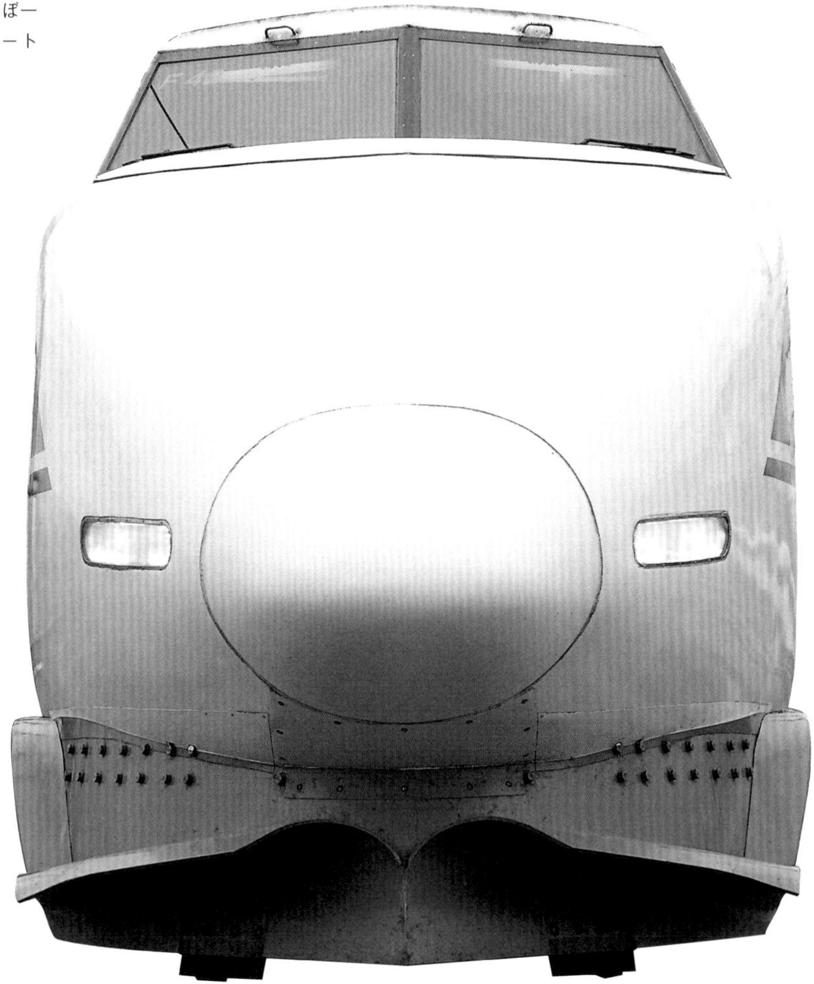

先頭車の形状は100系とほぼ一緒。大きく異なるのはスカートの形状とカラーリング

２階建て車両を２両連結したＨ編成。１階はカフェテリア、２階はグリーン席となっている

H編成が２階建てを組み込む前のわずかな期間は、F編成として走行していた

F 40
JR

since1990

200系

F編成（JR東日本）

あおば
やまびこ
なすの
あさひ
とき
たにがわ

1990年以降に登場したF編成で、シャークノーズとなっていながらもピンストライプの入っていない編成。

これらは、もともと中間車だった車両を先頭化改造した、F編成200番代の先頭車で見られたカラーリングとなっている。

最高速度▶ 240km/h
編成両数▶ 12両

200系 since1999

K編成（JR東日本）

やまびこ

なすの

たにがわ

とき

あさひ

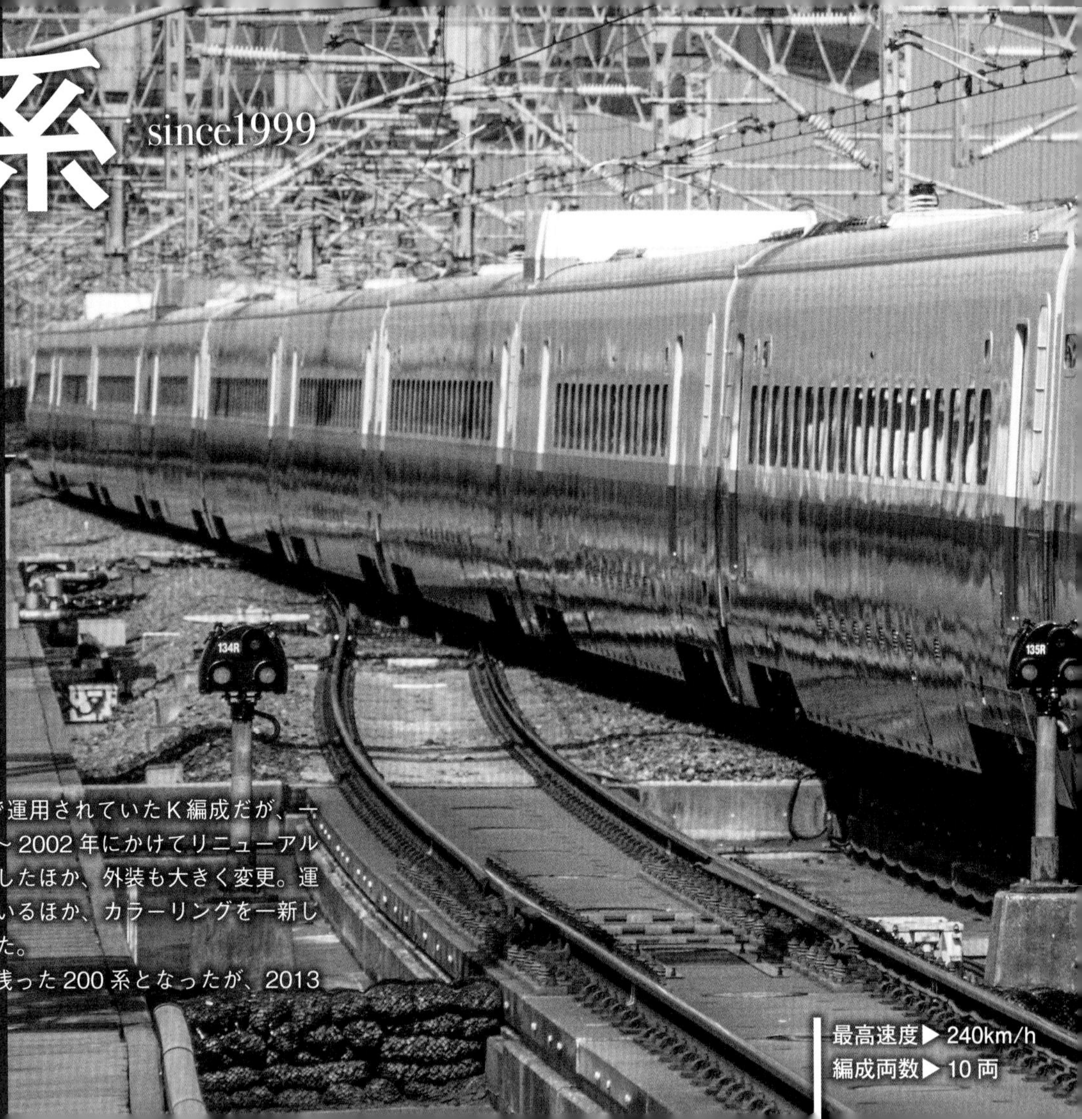

400系との併結用に東北新幹線で運用されていたK編成だが、一部は老朽化が進んだため、1999年～2002年にかけてリニューアル工事が行われた。座席や内装を一新したほか、外装も大きく変更。運転台の窓ガラスが曲面形状になっているほか、カラーリングを一新して大きく印象の異なった車両となった。

このうちのK51編成が最後まで残った200系となったが、2013年6月に廃車となった。

最高速度▶240km/h
編成両数▶10両

K47

初期のＥ編成を短編成化したＧ編成と、リニューアルされたＫ編成。運転台の形状や色合いのせいか、元が同じ車両とは思えない

カラーリングの基本はE2系と同様で、ベースは「飛雲《ひうん》ホワイト」と「紫苑《しおん》ブルー」。中間のラインが「緑の疾風《はやて》」となっているのが異なる

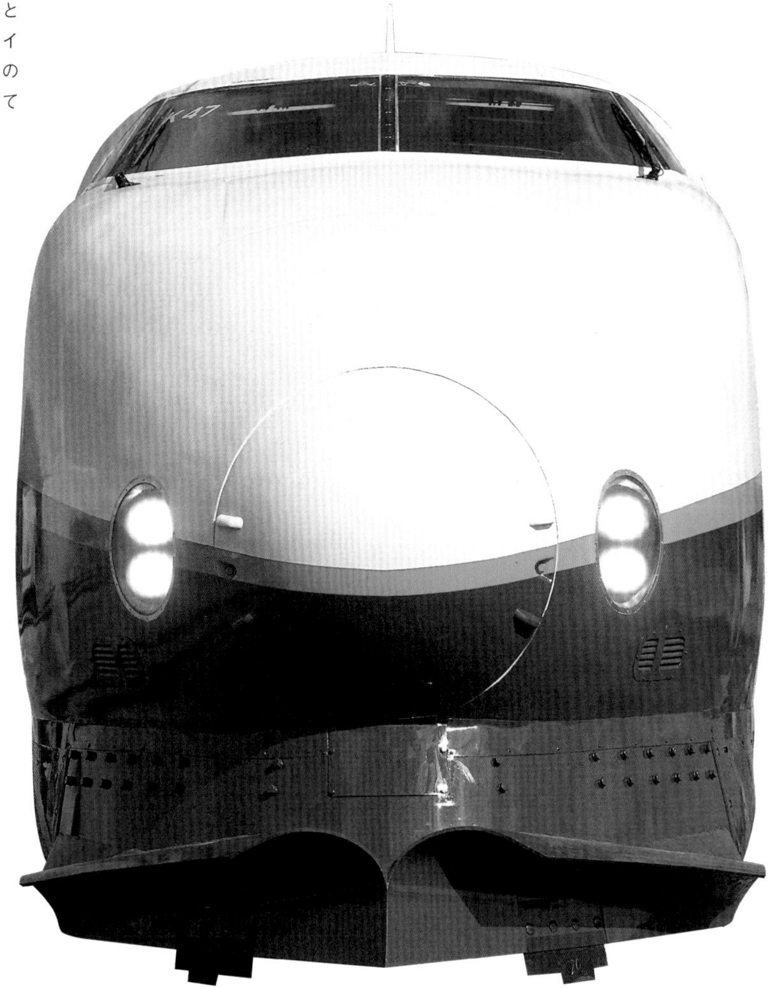

200系 since2007

K47編成（JR東日本）

やまびこ

なすの

たにがわ

とき

　リニューアル工事がされたK編成のうち、K47編成のみ元の200系のオリジナル塗装に塗りなおされた。

　これは2007年に東北・上越新幹線が25周年を迎えるタイミングで行われたもの。K47編成はこの塗装のまま、引退する2013年まで走行している。

最高速度▶ 240km/h

編成両数▶ 10両

JR
K47
出

N700S since2018

J編成（JR東海）

H編成（JR西日本）

のぞみ

ひかり

こだま

2018年に東海道・山陽新幹線向けに開発された、フラグシップ車両。前身となるN700Aをベースにブラッシュアップしたもので、6/7/8/12/16両で編成し走行出来るシステムが組まれており、国内外を問わず様々な運用を想定して設計されている。

大容量バッテリーを搭載しており、停電時でも近隣駅まで走行可能になっている点が新幹線車両として初の試み。2020年よりJR東海のJ編成、2021年よりJR西日本のH編成が営業運転を開始している。

最高速度▶ 285km/h（東海道新幹線）、300km/h（山陽新幹線）
編成両数▶ 16両

サイドから見るとN700系とあまり変わらないように見える先頭車だが、N700系よりノーズはゆるやか。サイドラインが、運転席の下まで伸びており、Sに見えるような配置となっている

N700Sのロゴ。SはSupremeの略だとわかるようになっている。ちなみにシリーズの最高車両を意味している

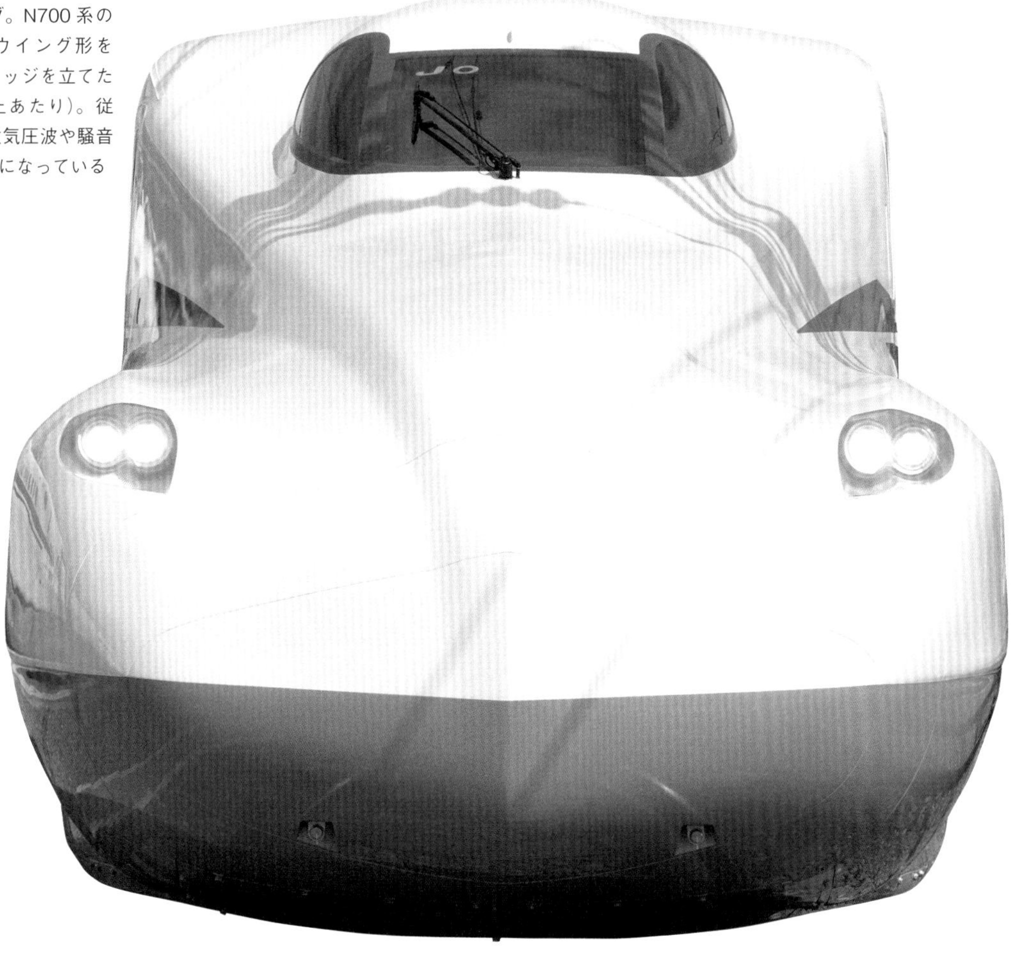

先頭車形状はデュアル・スプリーム・ウィング。N700系のエアロ・ダブルウイング形をベースに左右にエッジを立てた形だ（ライトの上あたり）。従来よりトンネル微気圧波や騒音を抑えられるようになっている

1

16

北海道
東北
秋田
山形
上越
北陸
東海道
山陽
九州
西九州
鹿児島

N700S since2021

Y編成（JR九州）

かもめ

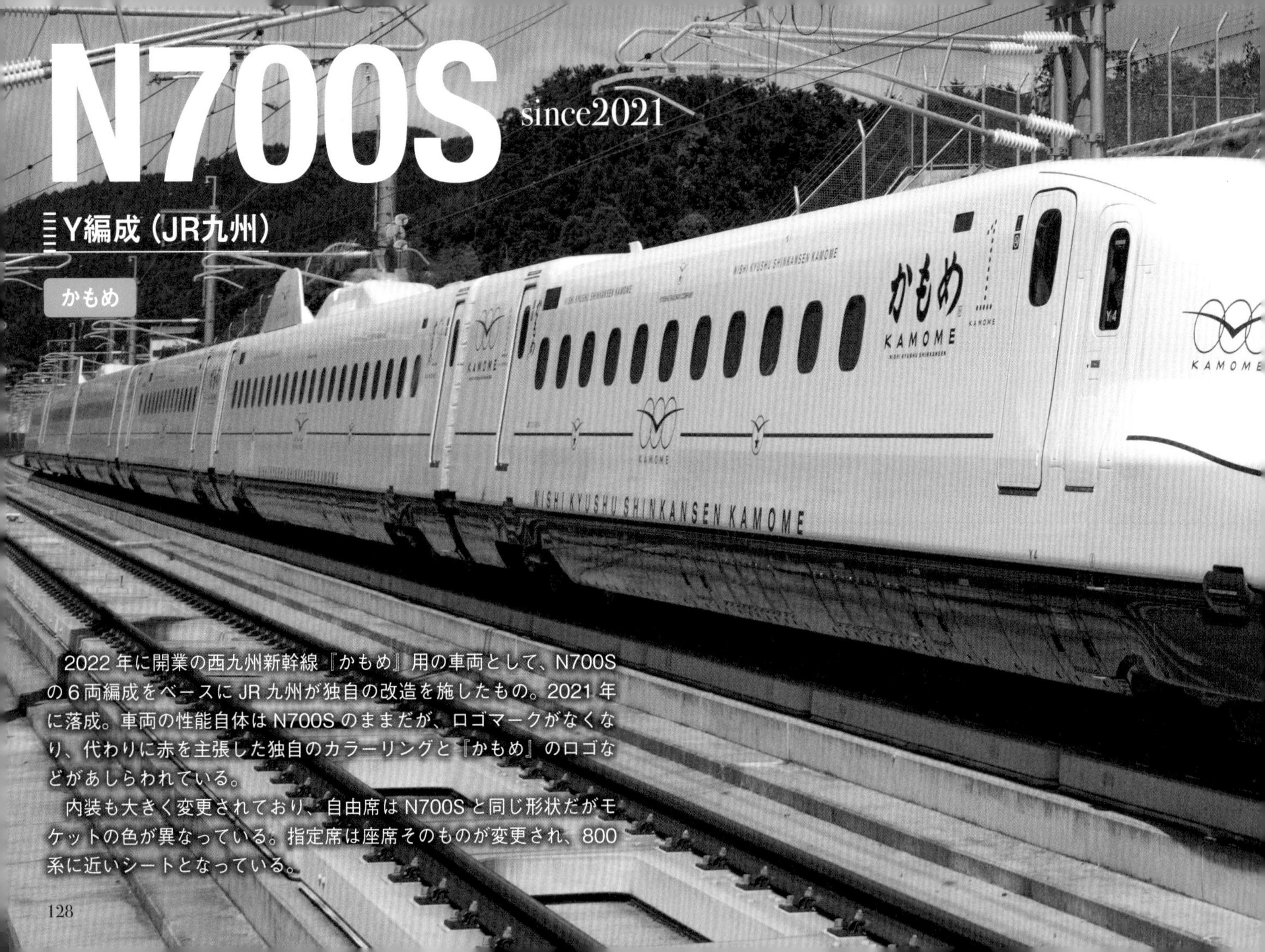

2022年に開業の西九州新幹線『かもめ』用の車両として、N700Sの6両編成をベースにJR九州が独自の改造を施したもの。2021年に落成。車両の性能自体はN700Sのままだが、ロゴマークがなくなり、代わりに赤を主張した独自のカラーリングと『かもめ』のロゴなどがあしらわれている。

内装も大きく変更されており、自由席はN700Sと同じ形状だがモケットの色が異なっている。指定席は座席そのものが変更され、800系に近いシートとなっている。

最高速度▶ 260km/h
編成両数▶ 6両

カラーリングの違いだけで全く違う印象となっている先頭車。デザインは800系をはじめJR九州の多くの車両を手がける水戸岡鋭治氏によるもの

車両の細かいところにもロゴやアルファベットがちりばめられており、独自の車両感を出している

KAMOME
NISHI KYUSHU SHINKANSEN

かもめ
KAMOME
NISHI KYUSHU SHINKANSEN

『かもめ』のロゴタイプも様々なものがあり、これ以外にもカラーリングの異なるものなどがある

かもめ
KAMOME
KAMOME

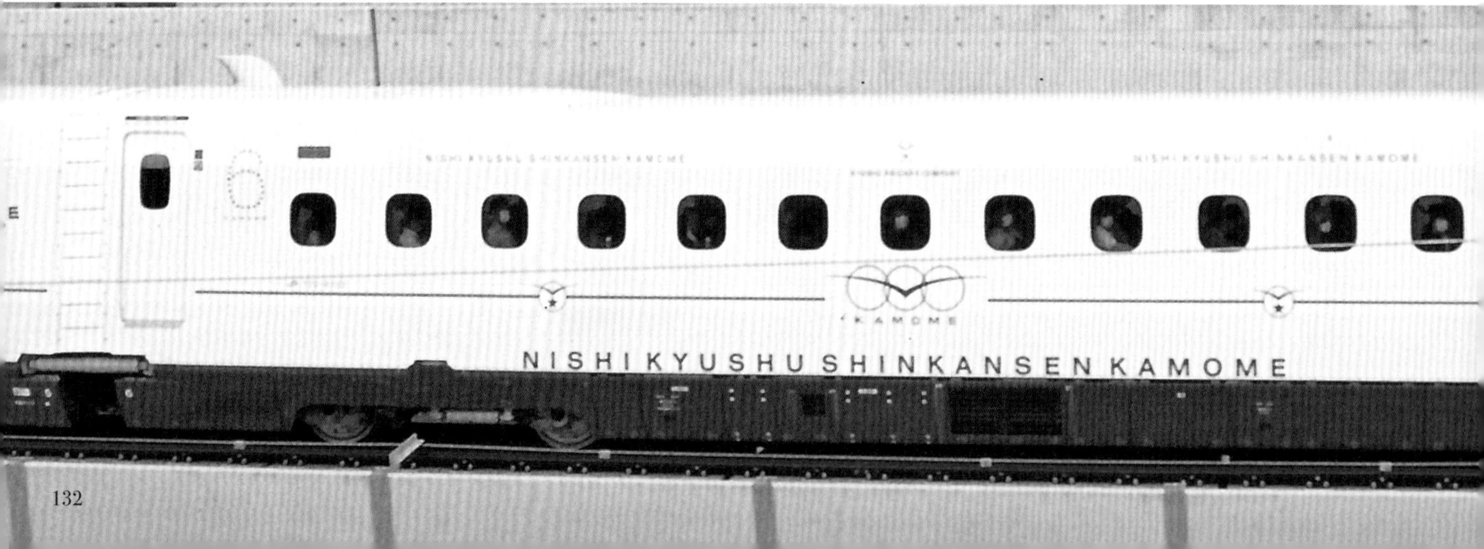
KAMOME
NISHI KYUSHU SHINKANSEN KAMOME

NISHI KYUSHU SHINKANSEN KAMOME
かもめ
KAMOME
YUSHU SHINKANSEN KAMOME

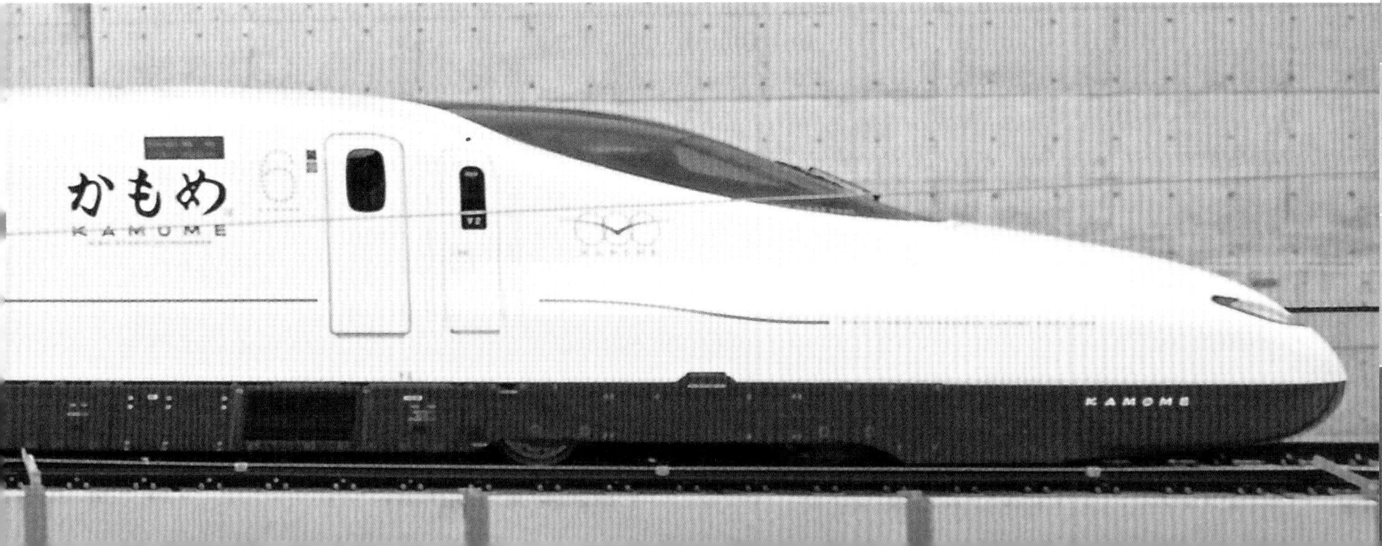
かもめ
KAMOME
KAMOME

N700系 since2005

Z/G/X編成（JR東海）

N/K/F編成（JR西日本）

のぞみ

ひかり

こだま

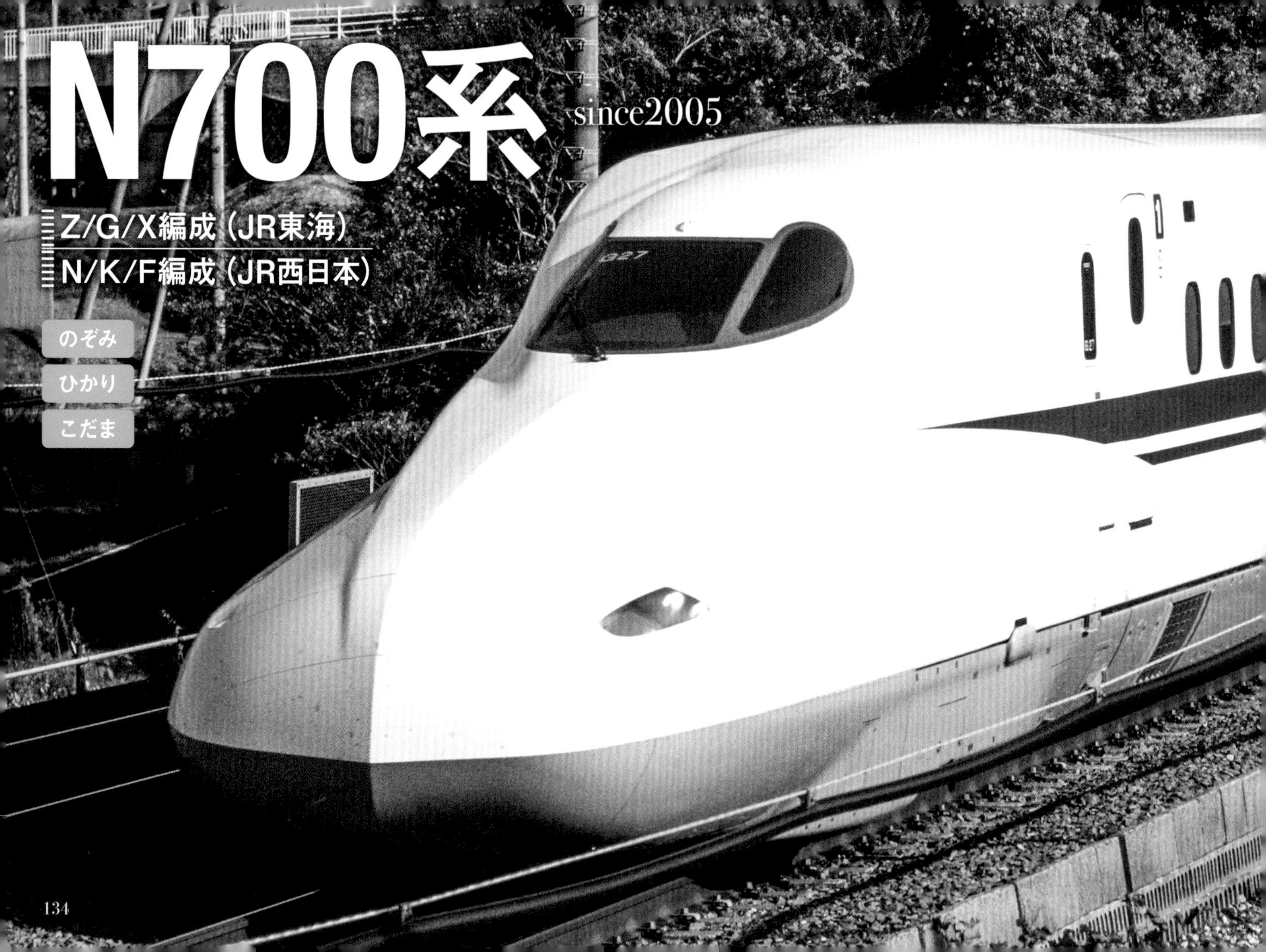

700系をベースに、より高速化と居住性の向上を目指して、JR東海とJR西日本により共同開発された車両。カーブの多い東海道新幹線でも、R2500 m以内のカーブなら減速せずに走行でき、山陽新幹線では最高速度300km/hで走行可能となった。また車両の振動を従来より抑え、コンセントをグリーン車全席、普通車窓側に配置している。

2013年に、改良型のN700Aが登場。東海道新幹線での最高速度を285km/hに向上させた。AはAdvancedの意味で、進歩を表している。

最高速度▶ 270km/h（東海道新幹線 N700）、285km/h（東海道新幹線 N700A）、300km/h（山陽新幹線）
編成両数▶ 16両

2005年に落成、2007年から営業開始したN700系のロゴ。N700の文字の中に新幹線のシルエットが入っている。JR東海のZ編成、JR西日本のN編成につけられた

Z編成、N編成を改造し、N700A仕様にした車両につけられたロゴ。小さくAが追加されている。JR東海のX編成、JR西日本のK編成につけられた

2013年から新造されたN700Aにつけられたロゴ。Aのデザインが目立つ形となった。JR東海のG編成、JR西日本のF編成につけられた

先頭車形状は700系をベースに、よりトンネル微気圧波を抑えられる形状としてエアロ・ダブルウイング形となった

1

16
N700

1
N700

16

1

16

1
N700A
2

16

1

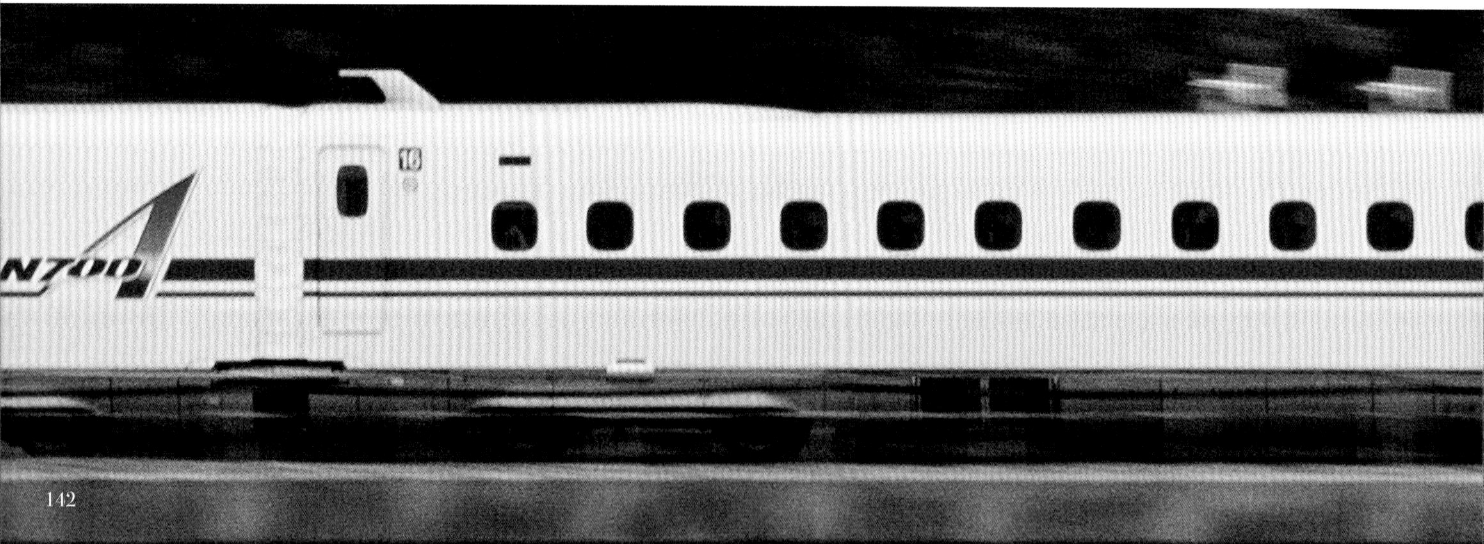
16

1
2
N700A

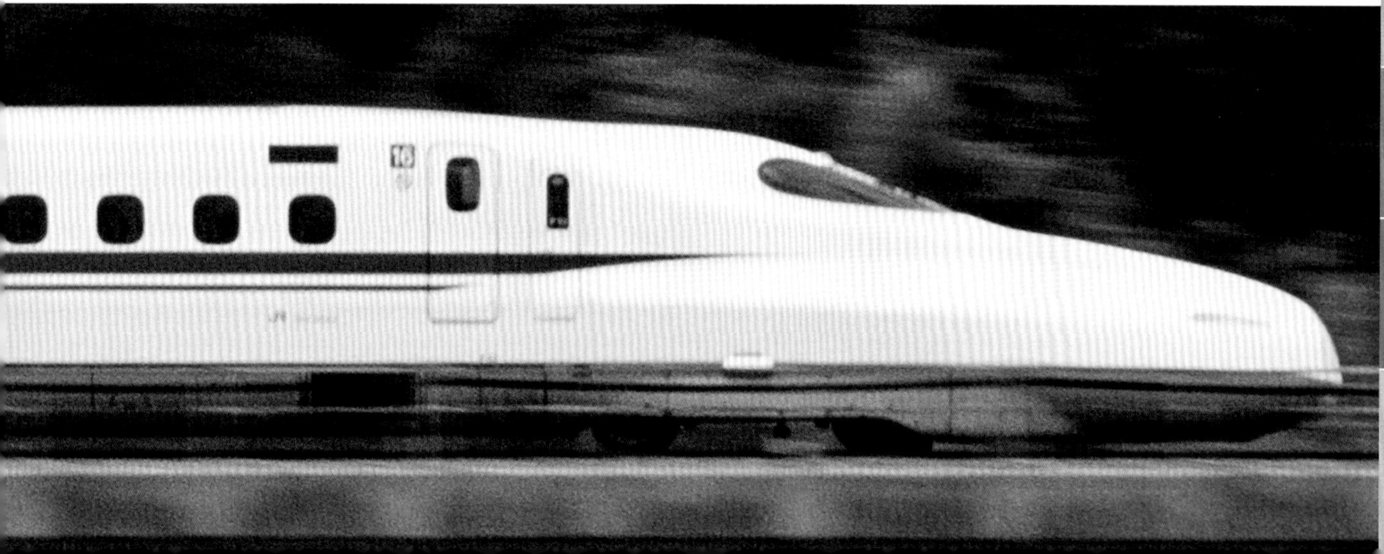
16

N700系 since2011

S編成（JR西日本）

R編成（JR九州）

さくら

みずほ

つばめ

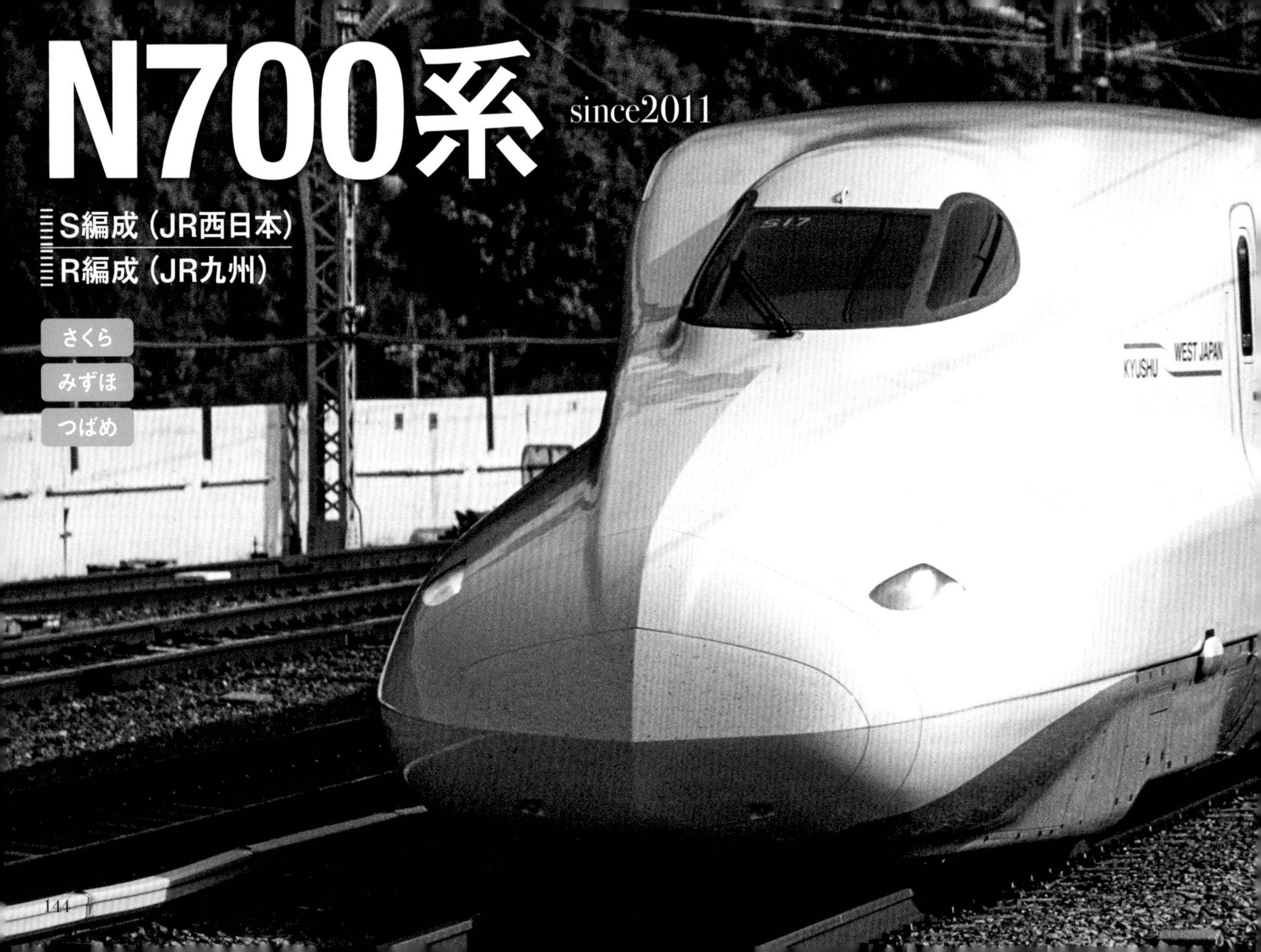

2011 年、全線が開通した九州新幹線と山陽新幹線を直通する車両として、JR 西日本と JR 九州が共同開発。N700 系をベースに 8 両編成化、九州新幹線の急勾配に対応できるように全車モータ車となっている。

独自のカラーリングが施されており、白藍《しらあい》色をベースに、濃紺と金のサイドラインが入る。また車内も独特で、自由席は 3 ＋ 2 列だが、指定席とグリーン車は 2 ＋ 2 列となっている。JR 西日本所属が S 編成、JR 九州所属が R 編成となっている。

最高速度▶ 300km/h（山陽新幹線）、260km/h（九州新幹線）
編成両数▶ 8 両

KYUSHU
WEST JAPAN
1
S3

WEST JAPAN
8

1
KYUSHU
WEST JAPAN
2
JR 781-7003

8
KYUSHU
WEST JAPAN
JR 782-7003

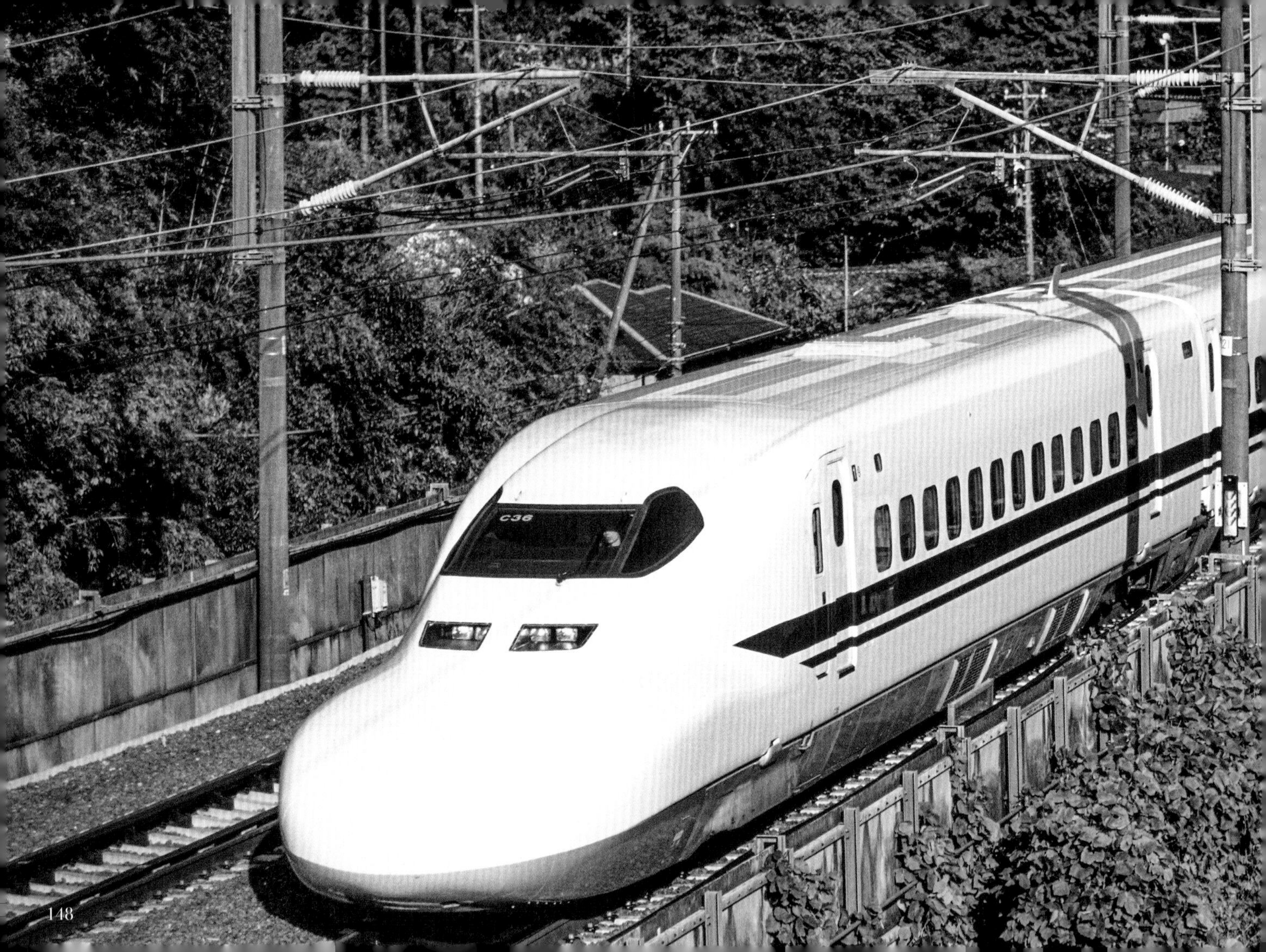
C36

since1997

700系

C編成（JR東海）
B編成（JR西日本）

のぞみ
ひかり
こだま

JR東海の300系、JR西日本の500系、それぞれの研究開発のノウハウをもとに、高速性と居住性をコストパフォーマンスよく両立した新幹線として両社で共同開発された。最高速度は東海道新幹線で270km/h、山陽新幹線で285km/hとなった。それまでの鋭角的なノーズではなく、エアロストリーム形状という緩やかなノーズを採用。短いノーズでもトンネル微気圧波の対策を行えるのが特徴だ。

1999年にJR東海のC編成、2001年にJR西日本のB編成が投入された。

最高速度▶ 270km/h（東海道新幹線）、285km/h（山陽新幹線）
編成両数▶ 16両

短いノーズでもトンネル微気圧波と空力騒音低減を可能にするエアロストリーム形状。ノーズ長は最終的に 9.2 mになったが、山陽新幹線で 285km/h 走行を行うため、この長さが必要だった

700 系のロゴマーク。シリーズナンバーと、新幹線のサイドのイラストが入ったもの。C 編成、B 編成ともに入っている

JR 西日本所属の B 編成のみ先頭車乗務員扉の横にこのロゴが入った。JR 西日本のコーポレートカラーとなっている

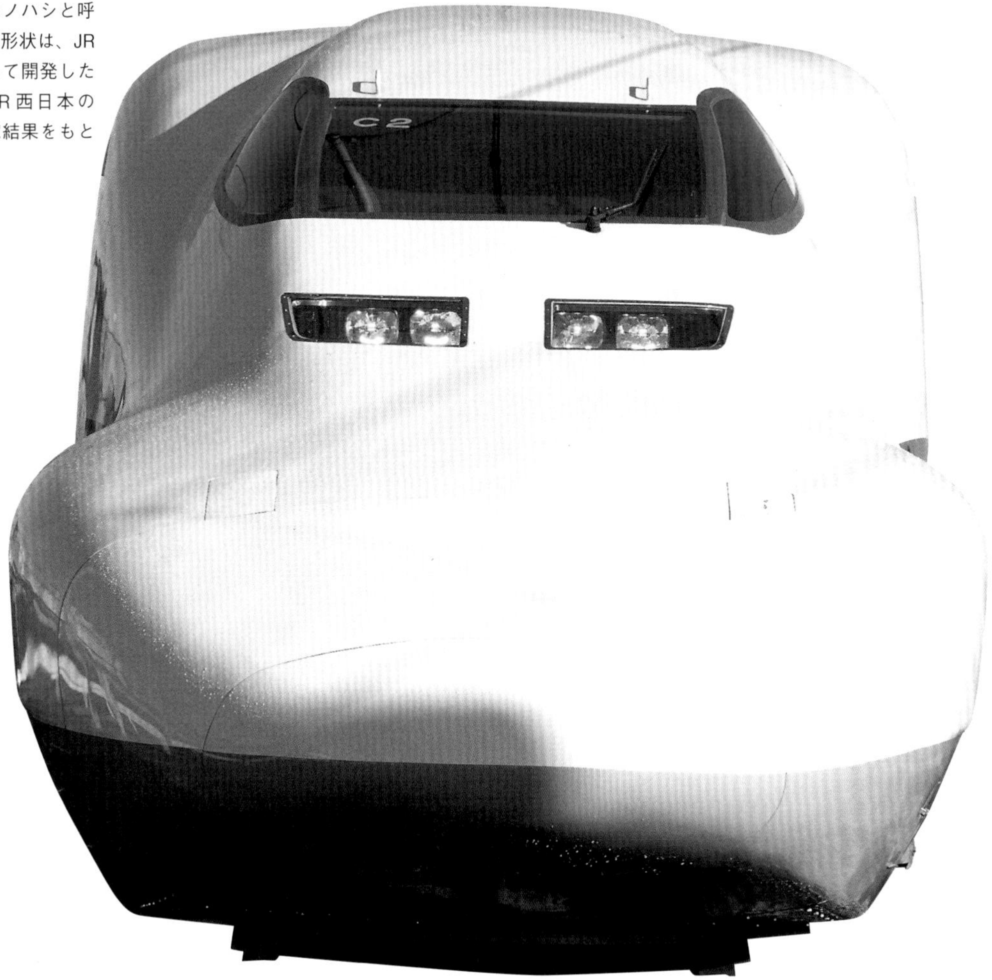

独特の形状からカモノハシと呼ばれた。この先頭車形状は、JR東海が試験車両として開発した300Xや、同じくJR西日本のWIN350などの研究結果をもとにしている

700系 since2000

E編成（JR西日本）

ひかり

こだま

　山陽新幹線で走行していた0系『ウエストひかり』の老朽化にともない、2000 年に投入された『ひかりレールスター』。700 系をベースに８両編成化されたもので、グレー地に黒とオレンジのサイドラインが入ったカラーリングとなっている。

　グリーン車はないが、個室となるコンパートメント席があるほか、４～８号車は２＋２列のサルーンシートとなっている。現在では、『ひかり』だけでなく『こだま』としても運用されている。

最高速度▶ 285km/h
編成両数▶８両

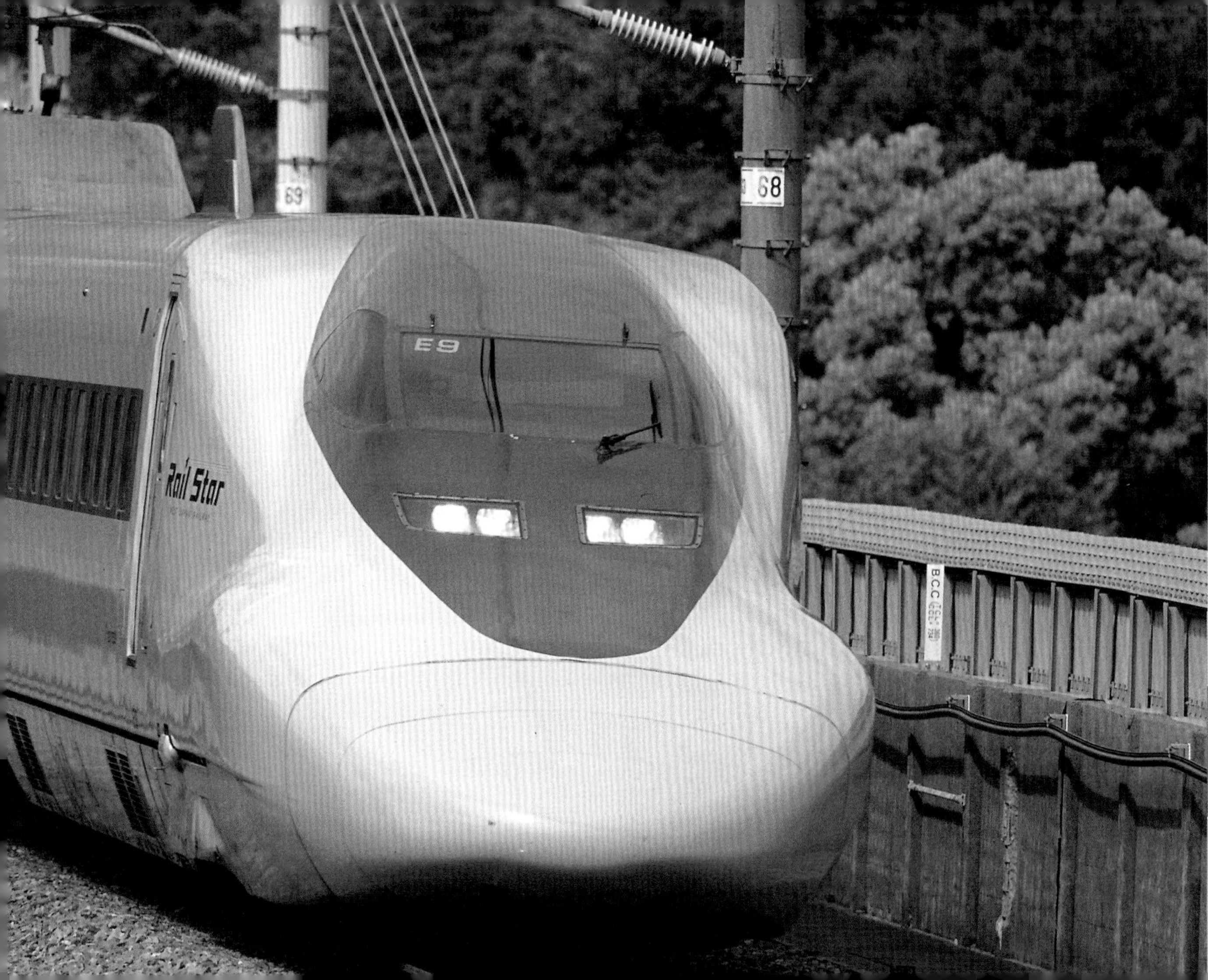
69
68
E9
Rail Star
B.C.C

8両編成となったが最高速度は285km/hのまま。新大阪〜博多間を2時間59分で結びつつ、快適に過ごせる車両として開発された

専用のロゴマーク。サイドラインの上と、先頭車の乗務員扉の横の2か所にロゴが入っている

運転席を囲むように黒でカラーリングされており、500系新幹線の運転席と似たような印象となっている

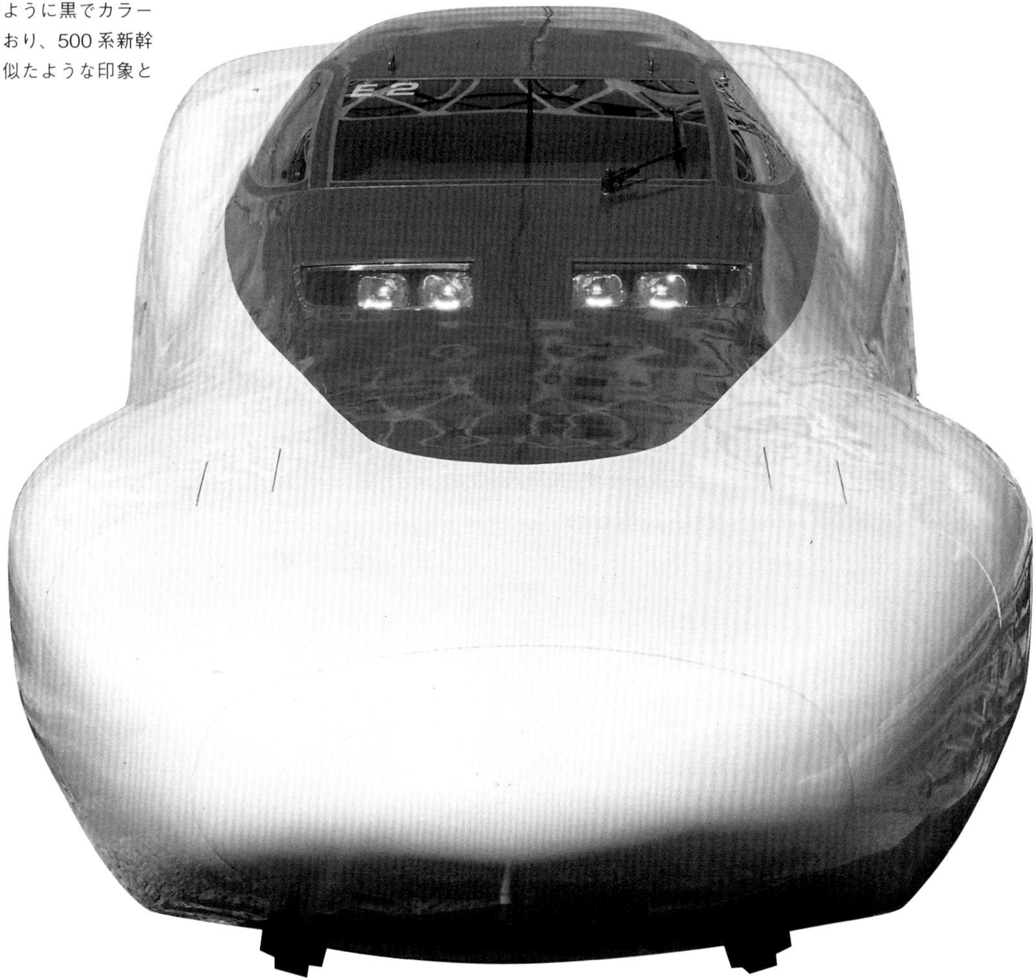

Rail Star
E7

8
Rail Star

1
2
Rail Star
723-7007

8
Rail Star
724-7507

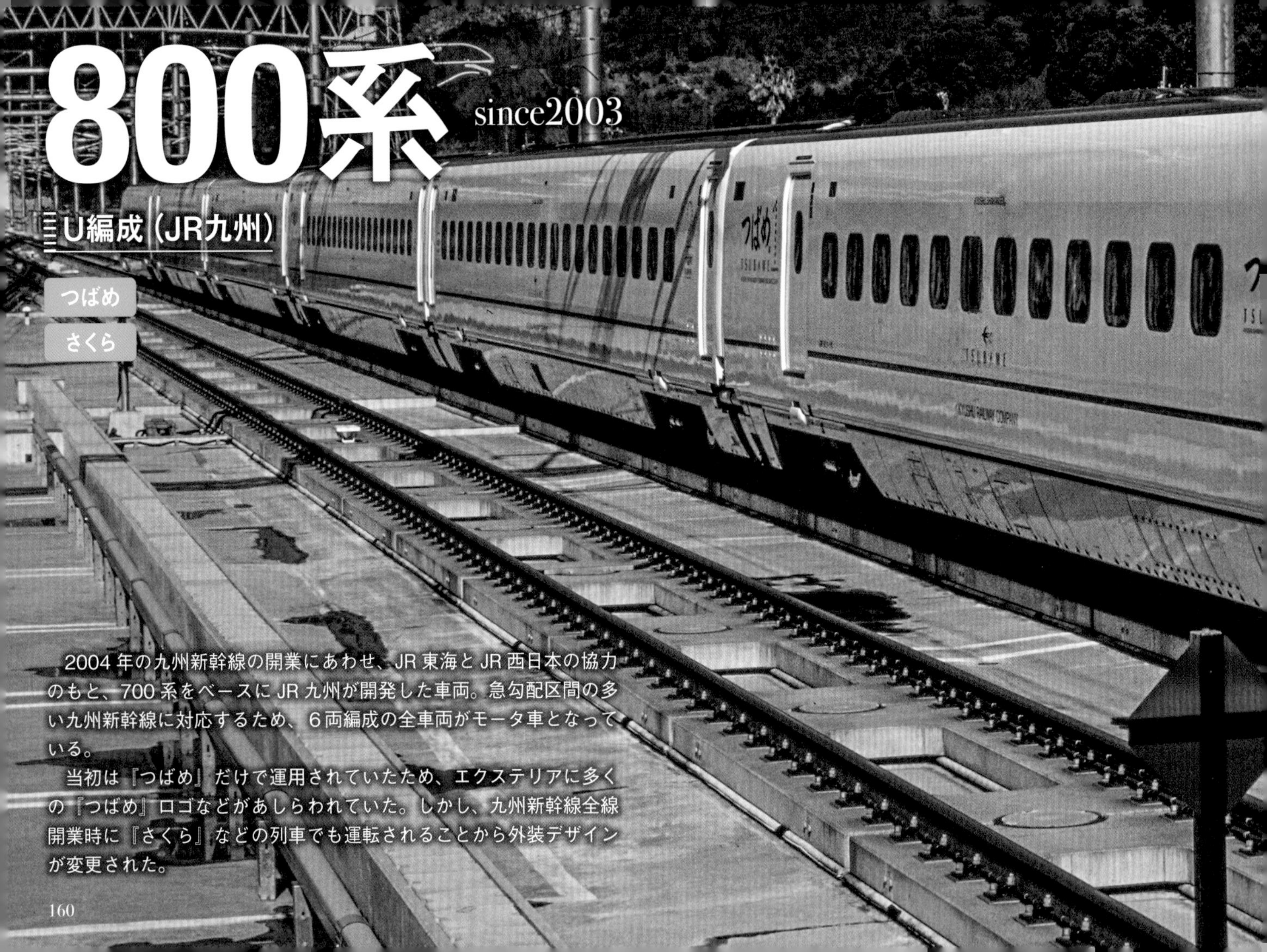

800系 since2003

U編成（JR九州）

つばめ

さくら

2004年の九州新幹線の開業にあわせ、JR東海とJR西日本の協力のもと、700系をベースにJR九州が開発した車両。急勾配区間の多い九州新幹線に対応するため、6両編成の全車両がモータ車となっている。

当初は『つばめ』だけで運用されていたため、エクステリアに多くの『つばめ』ロゴなどがあしらわれていた。しかし、九州新幹線全線開業時に『さくら』などの列車でも運転されることから外装デザインが変更された。

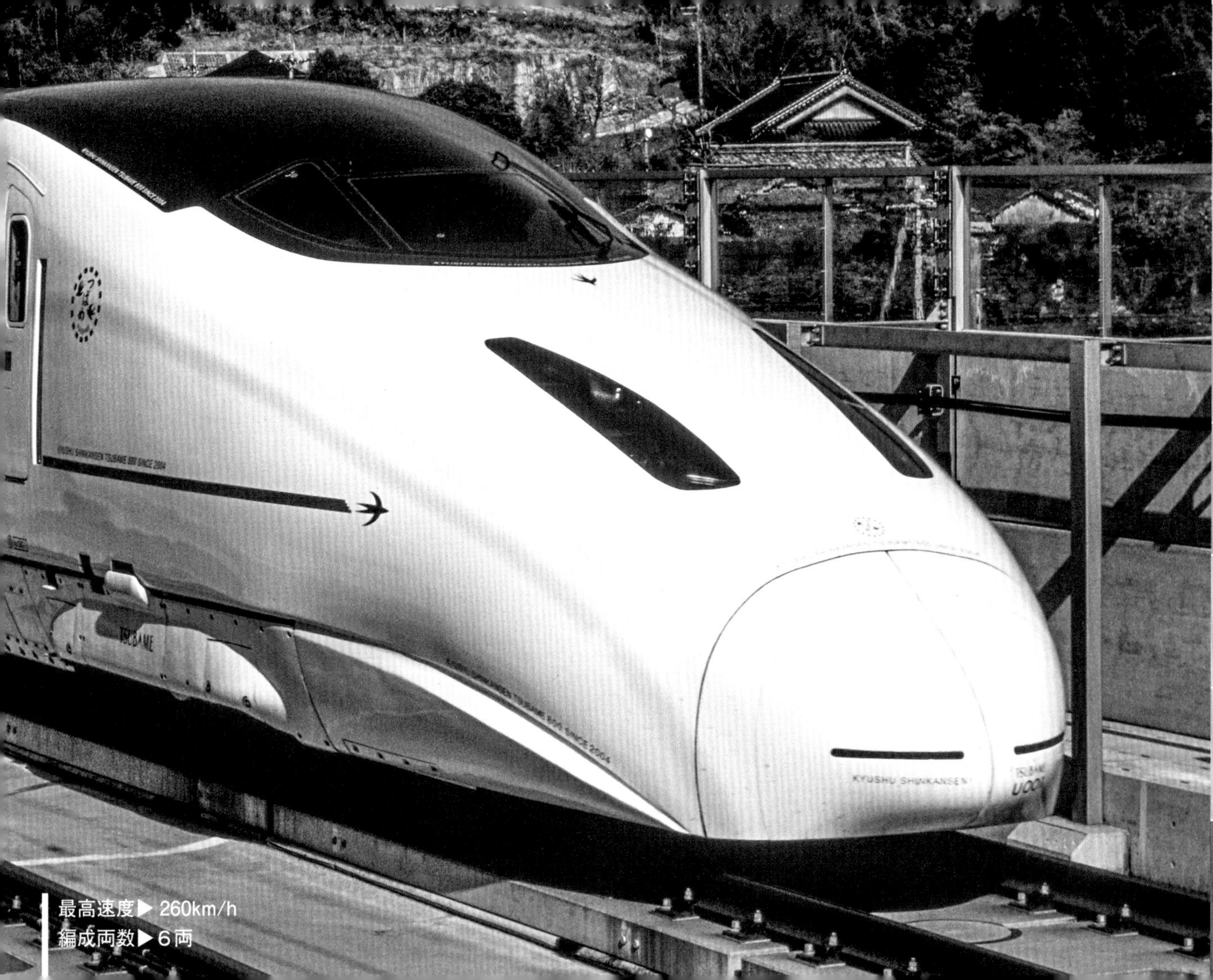

最高速度▶ 260km/h
編成両数▶ 6両

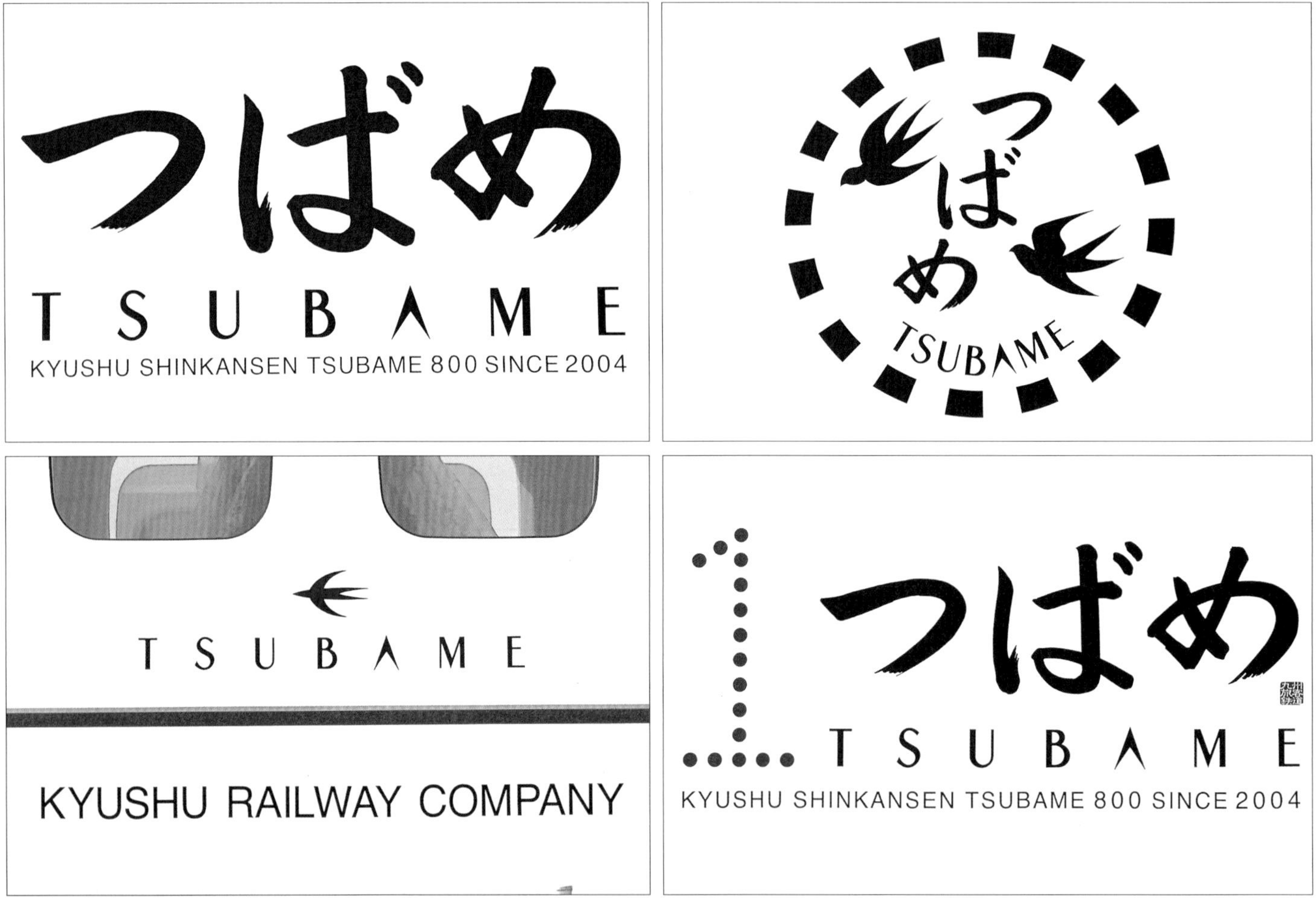

2011 年の九州新幹線全線開業前までは、様々な『つばめ』のロゴが配置されていた。つばめの文字は、当時の社長・石原進氏の書

U編成０番代の正面。ヘッドライトが車両表面と同じ高さになるように造られている

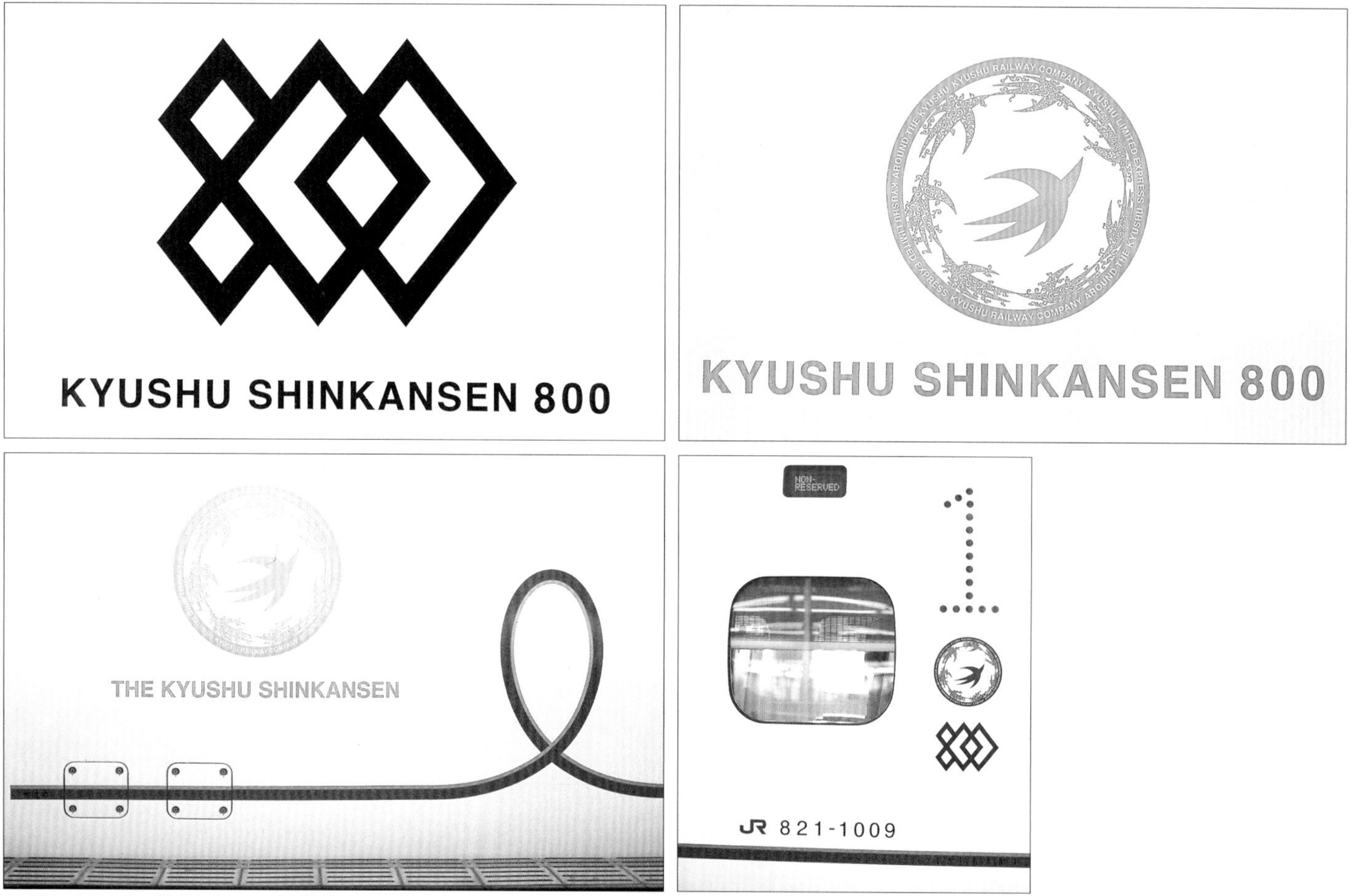

2009～2010年に登場した1000番代（U007、U009）、2000番代（U008）では、車体側面の赤帯がつばめの軌跡のようなデザインとなった。2011年初頭に、0番代1000番台ともに外装を変更。『つばめ』ロゴはなくなり、つばめのシルエットが入ったロゴや800をデザインしたものになった

U編成1000番代/2000番代の正面。ヘッドライトが車両表面から出っ張り、丸みを帯びた感じに変わった

KYUSHU SHINKANSEN 800
KYUSHU RAILWAY COMPANY

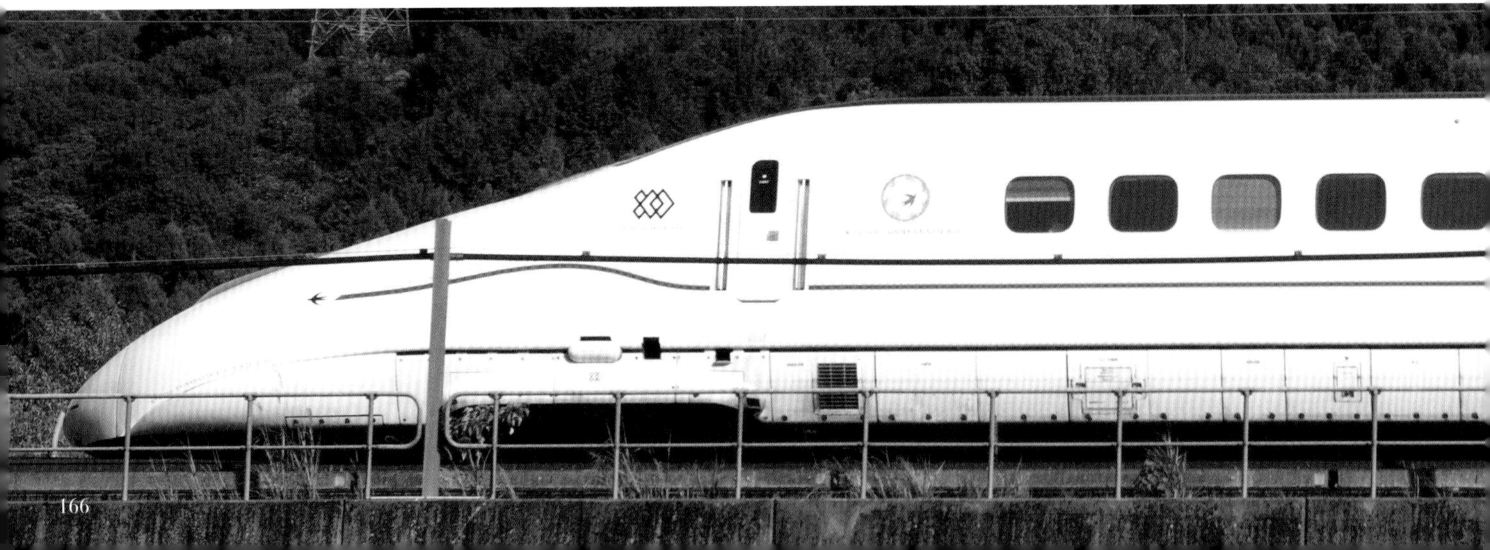

KYUSHU SHINKANSEN 800

6

500系 since1995

W編成（JR西日本）

V編成（JR西日本）

のぞみ

ひかり

こだま

航空機に対して山陽新幹線の競争力を高めるべく、最高速度300km/h運転を行うためにJR西日本が開発した車両。山陽新幹線内の『のぞみ』として1997年にデビューし、新大阪～博多間を2時間17分で結んだ。後に東海道新幹線へ直通している。高速化のためにシャープで長いノーズと、円に近い車両断面が特徴。

当初は16両編成のW編成だったが、『のぞみ』運用が終了したのち、8両編成のV編成に改造。最高速度も285km/hに変更となった。

最高速度▶300km/h（山陽新幹線 / W編成）、285km/h（山陽新幹線 / V編成）、270km/h（東海道新幹線）
編成両数▶8両、16両

1995年に落成した量産先行車W1編成。運転台の左下に、すれ違い試験用のセンサー丸窓がついているのが特徴。また500系のロゴマークがついていない

量産車には、先頭車乗務員ドア横に落成時からロゴマークが入れられた

特徴的なノーズ部分は15 m。このため先頭車の座席数が従来の車両よりも減ってしまった

従来の角ばった新幹線の車両形状と異なり、円に近い形の断面形状をしている

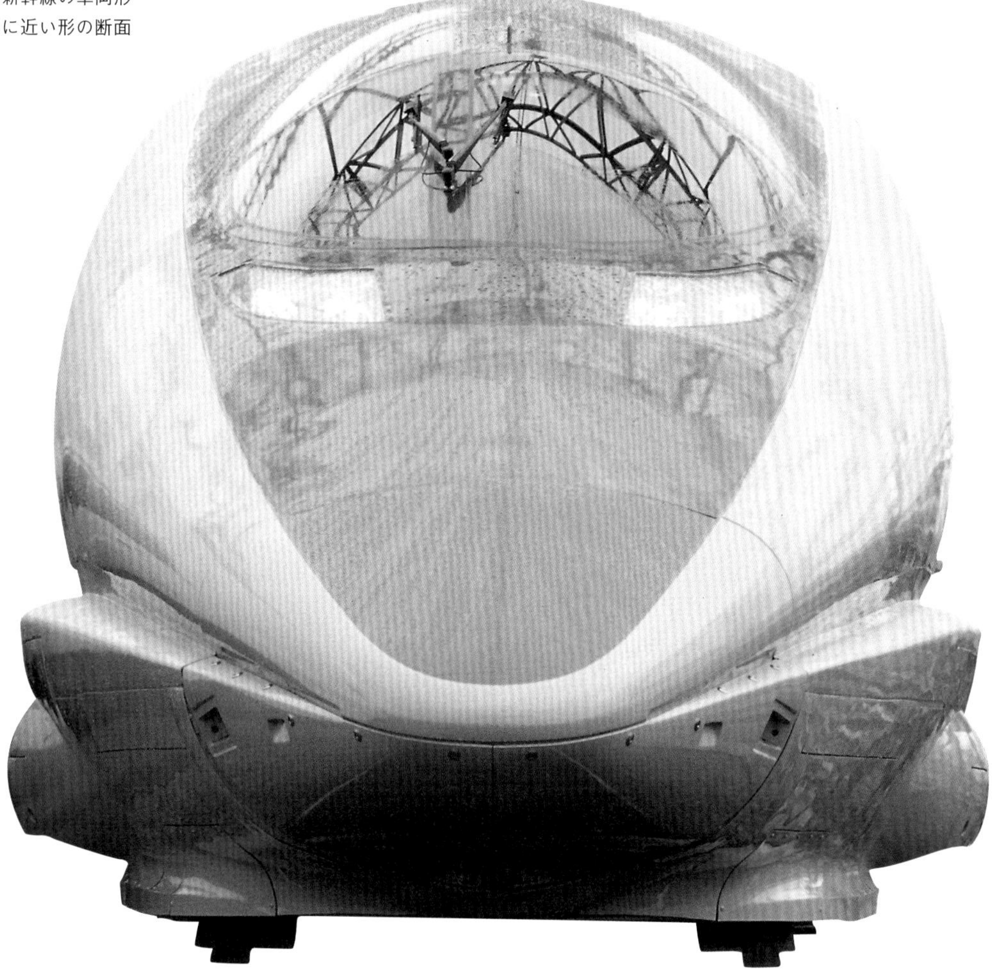

JR500
WEST JAPAN
W2

JR 500
WEST JAPAN
W3

500系 since2015

V2編成（JR西日本）

こだま

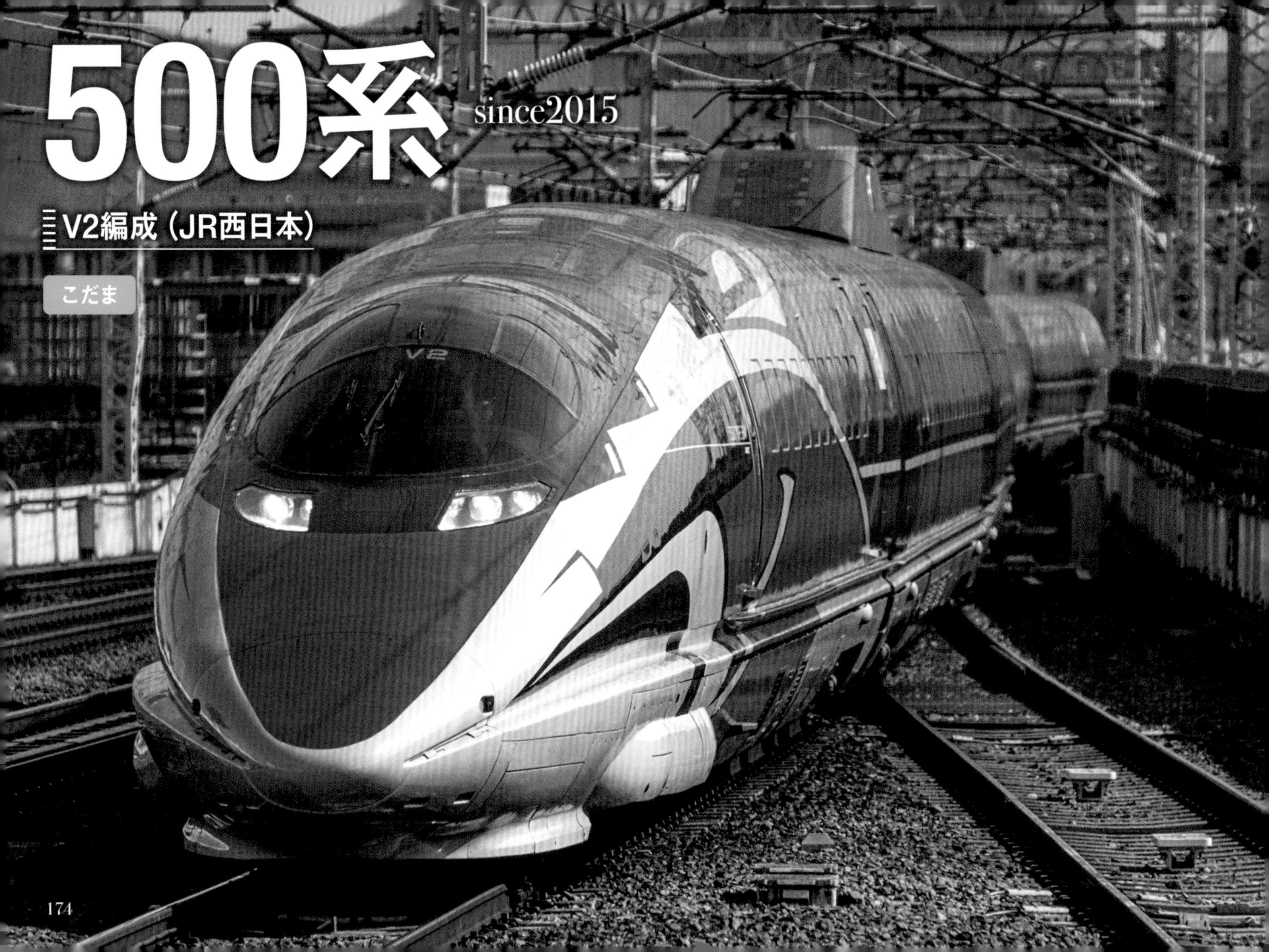

2008年より順次8両編成化された500系は、主に山陽新幹線の『こだま』として運用されることとなった。またグリーン車はなく、すべて普通車となっている。

このV編成のうち、V2編成のみが2015年11月15日よりアニメ『新世紀エヴァンゲリオン』とタイアップ。アニメ放送20周年と山陽新幹線40周年のコラボで、エヴァンゲリオン初号機をイメージしたラッピングに変更。1号車はコックピットが再現された。

最高速度▶285km/h（山陽新幹線）
編成両数▶8両

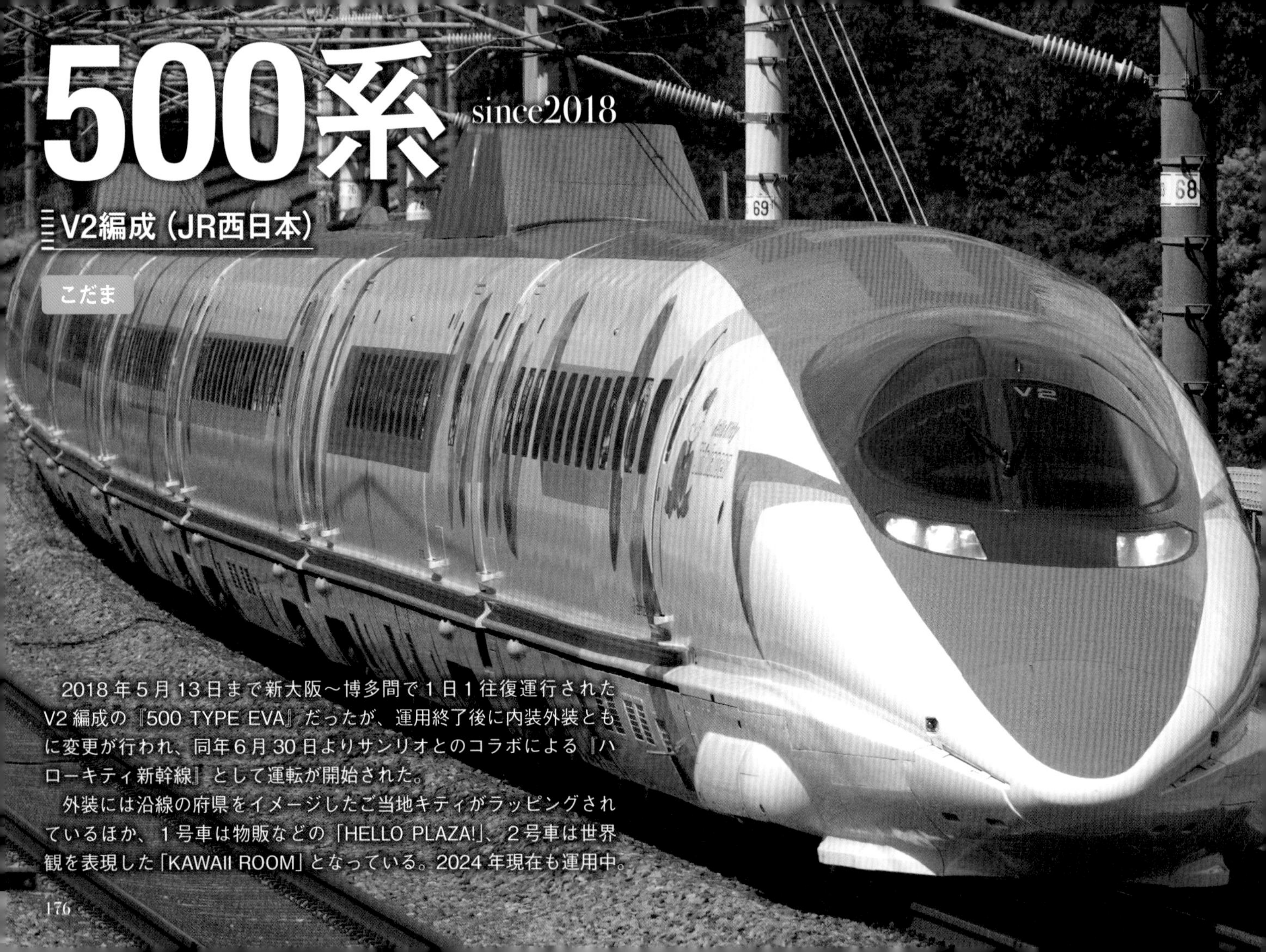

500系 since2018

V2編成（JR西日本）

こだま

2018年5月13日まで新大阪～博多間で1日1往復運行されたV2編成の『500 TYPE EVA』だったが、運用終了後に内装外装ともに変更が行われ、同年6月30日よりサンリオとのコラボによる『ハローキティ新幹線』として運転が開始された。

外装には沿線の府県をイメージしたご当地キティがラッピングされているほか、1号車は物販などの「HELLO PLAZA!」、2号車は世界観を表現した「KAWAII ROOM」となっている。2024年現在も運用中。

最高速度▶285km/h（山陽新幹線）
編成両数▶8両

300系 since1990

J編成（JR東海）
F編成（JR西日本）

のぞみ
ひかり
こだま

　東海道新幹線で 270km/h での営業運転を行うために JR 東海が開発した車両で、同時に『のぞみ』が東海道新幹線に誕生することとなった。高速化のために空力特性の優れた流線型、騒音対策から平滑化された前頭部形状になったほか、アルミニウム合金での車体軽量化や、VVVF インバータの採用で主電動機周りの制御系の軽量化を図っている。
　1992 年の登場時は、東京～新大阪間の『のぞみ』専用運用だったが、1993 年には山陽新幹線に直通し東京～博多間を 5 時間 4 分で結んだ。

最高速度▶ 270km/h
編成両数▶ 16 両

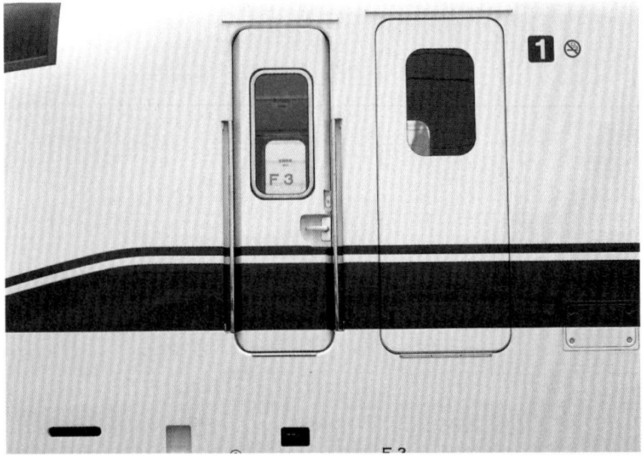

初期車は乗降用ドアがプラグ式で、ドア部分がへこまない形になっていたが、後に引き戸に変更されている

1990年に落成した量産先行車であるJ0編成のみにつけられていたロゴ。300系のサイドシルエットがモチーフとなっている

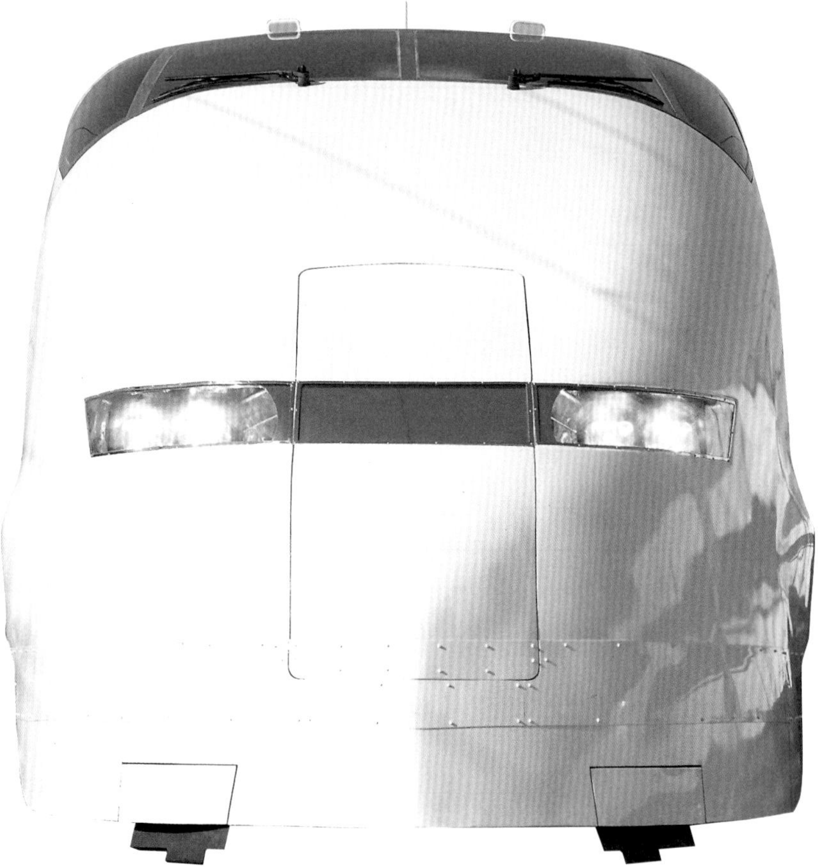

J0編成の正面。ヘッドライトの端が角ばっているほか、両サイドに膨らみがあるのが特徴

先頭車のボンネットを開けると、救援時用の連結器が折りたたんで格納されている

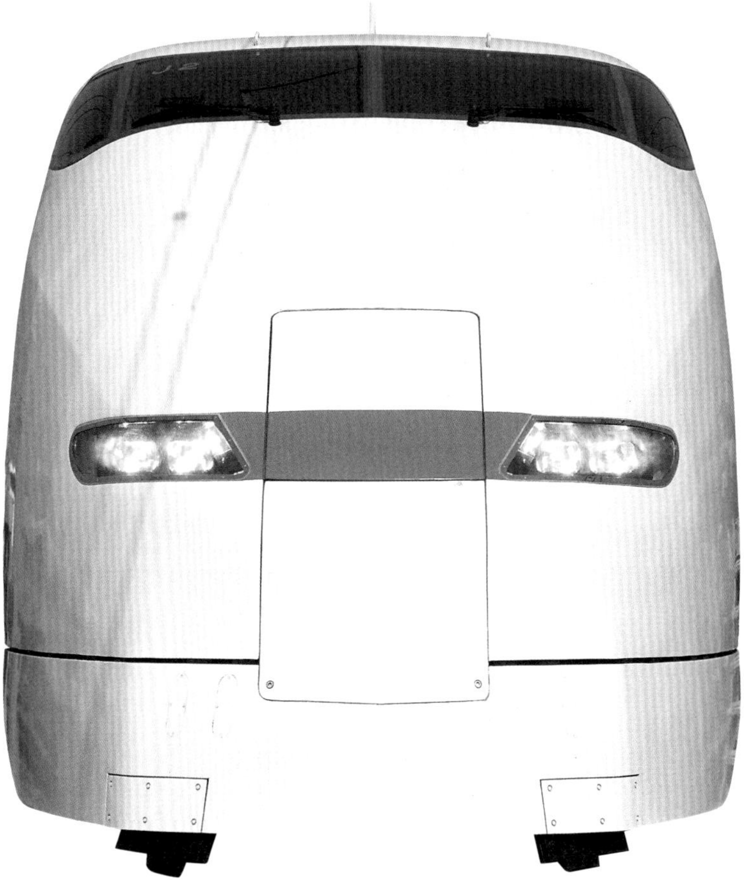

量産車であるＪ編成の正面。ヘッドライトの端は丸くなり、両サイドの膨らみはなくなっている

北海道
東北 秋田 山形
上越
北陸
東海道
山陽
九州 西九州 鹿児島

100系 since1985

国鉄
JR東海
JR西日本

ひかり
こだま

　1985年に登場した東海道・山陽新幹線用の車両で、0系とはイメージを一新したフルモデルチェンジ車。シャークノーズと言われた鋭角的なデザインの先頭車両を採用し、空気抵抗を減らすことで最高速度を220km/hに引き上げた。また新幹線で初めて2階建て車両を実現し、食堂やカフェテリア、グリーン個室などを搭載した。

　1989年には、JR西日本の開発によるV編成が登場し、最高速度を230km/hに引き上げたほか、2階建て車両を4両連結した。

最高速度▶ 220km/h、230km/h（V編成）
編成両数▶ 12両、16両

2階建て車両は基本的には2両連結だが、1両で運用されるときもあった。サイドには「New Shinkansen」を意味するロゴが入っていた

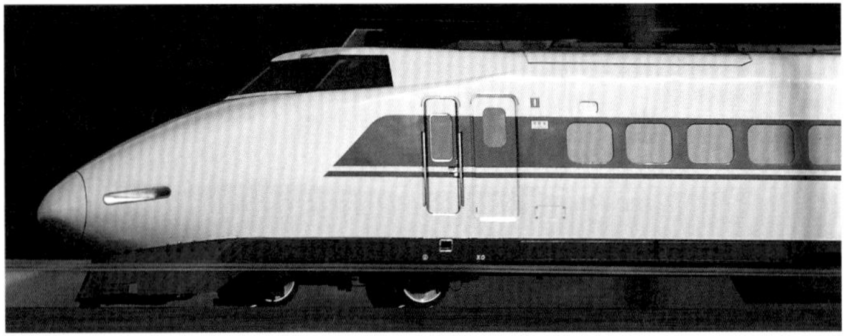

1985年落成の量産先行車であるX0編成では、サイドの窓は0系の小窓車と同じで小さいものとなっていた

1986年落成の量産車であるG編成以降は、サイドの窓は0系の大窓車より横長になり、ヘッドライトの角度がゆるめになっている

0系と大きく異なる先頭車形状となった100系。カラーリングは正面からは変わりがないが、横のサイドラインの下に細い1本のラインが追加された、ピンストライプとなった

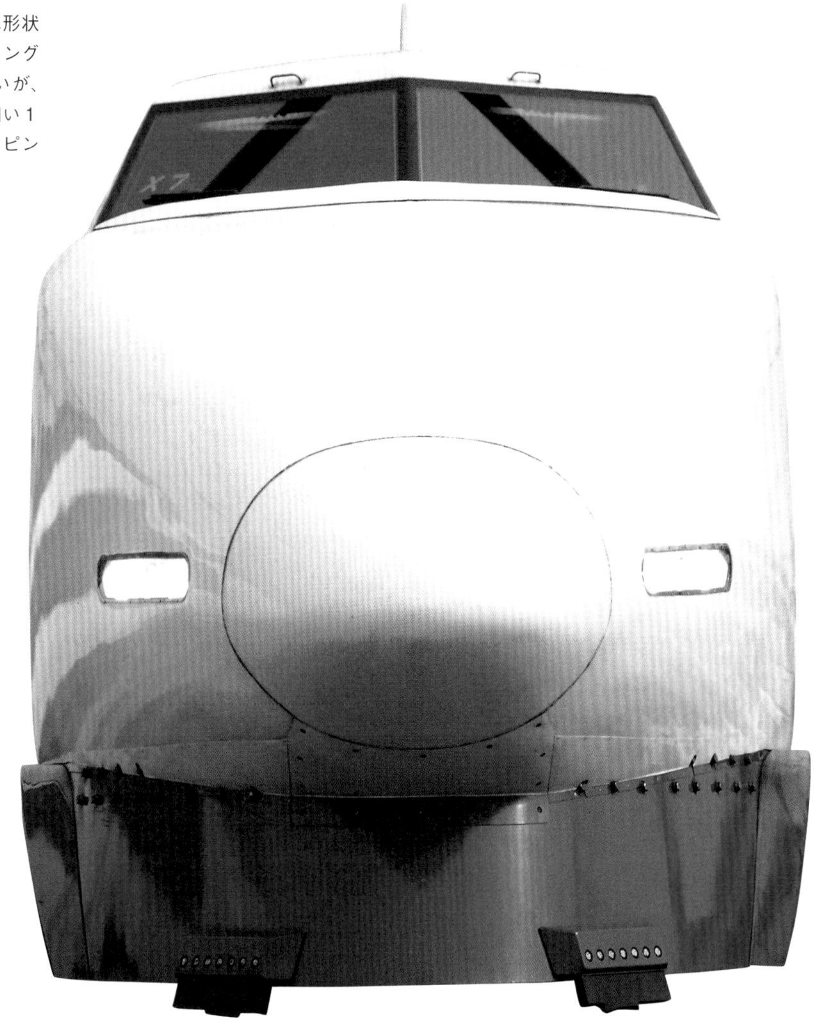

100系 since2002

K編成（JR西日本）
P編成（JR西日本）

こだま

民営化後のJR西日本にて、G編成やV編成をベースに山陽新幹線用に改造された車両。2002～2003年に6両に短編成化したK編成、同じく2000～2005年に4両に短編成化したP編成がある。

このうちK54編成以降の車両や、2003年頃のP編成が、ライトグレー地にフレッシュグリーンのサイドラインの塗色に変更された。ただし、いずれも後に白＋青のオリジナルカラーに戻されている。

最高速度▶ 220km/h
編成両数▶４両、６両

北海道
東北
秋田
山形
上越
北陸
東海道
山陽
九州
西九州
鹿児島

0系 since1964

国鉄

JR東海

JR西日本

ひかり

こだま

営業用の旅客鉄道として、世界で初めて200km/h以上での高速走行を実現した車両。1964年10月1日に開業した東京〜新大阪間を結ぶ東海道新幹線の『ひかり』『こだま』用の車両であり、以後21年間は0系のみが東海道・山陽新幹線を走行した。当初は12両編成だったが、需要の高まりとともに1970年に16両編成へと増車した。また最高速度210km/hでの運転だったが、1986年には220km/hにスピードアップした。

1999年に東海道新幹線、2008年に山陽新幹線を引退した。

最高速度▶ 220km/h
編成両数▶ 4両、 6両、 8両、 12両、 16両

1964 年登場以降の 0 番代の車両は、窓が横長に大きいのが特徴。大窓車と呼ばれる

1976 年以降に登場した 1000 番代は、窓が正方形に近いほどに小型化。小窓車と呼ばれる

1981 年以降に登場した 2000 番代。1000 番代よりやや横幅が広く、中窓車と呼ばれる

1997 年以降にアコモ改善された中窓車の改造車。P200 でも紹介するがサイドラインにピンストライプが入った

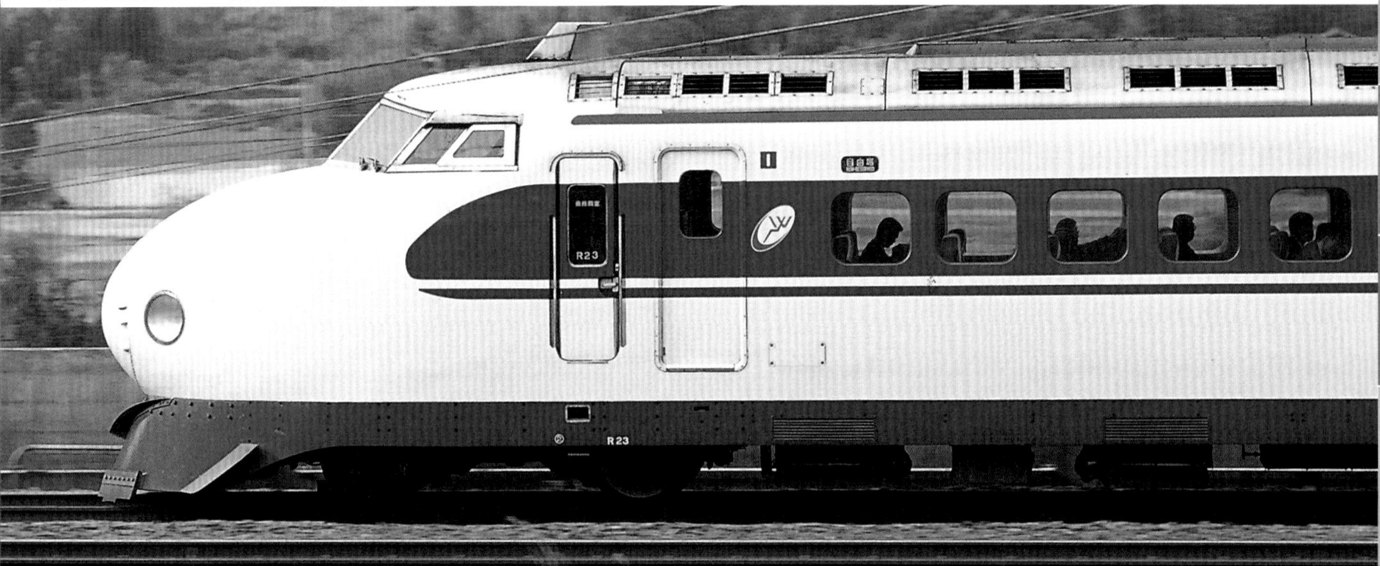

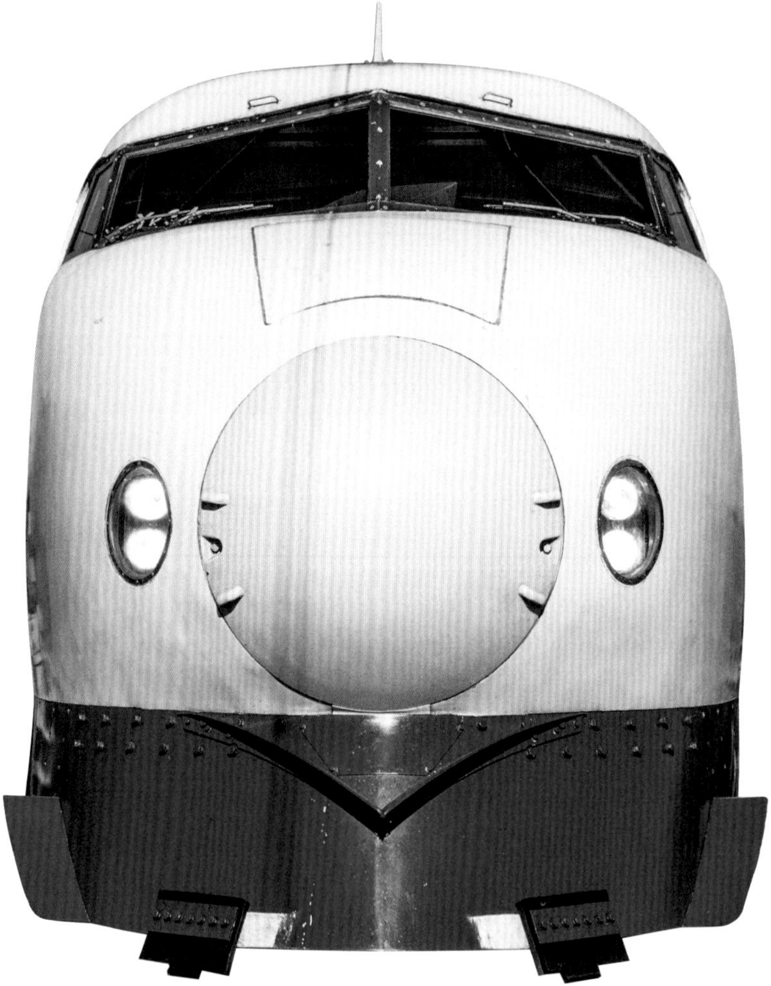

1000番代の正面。0系の正面は基本的にほぼ変わらないが、最初期に製造された0番代のみ、前面カバーがアクリルで作られており、サイドにあるヘッドライトやテールライトの光を受けて光った。しかし破損しやすかったため、変更となった

天皇陛下が乗車されるお召し列車として0系が運用された際、識別用としてライトの周りに濃紺の帯が入れられた。写真は1981年10月16日のもの

16

1
H63

16
H95
H95
22-142
H95

1

0系 since1988

R編成（JR西日本）
SK編成（JR西日本）

ひかり

こだま

山陽新幹線では1984年以降に6両編成のR編成などへの改造による0系の短編成が登場する。民営化後の1988年に、山陽新幹線内の速達形『ウエストひかり』6両編成が登場。人気を博したためグリーン車を増結した8両編成や、1988年にはビュフェ車を増結した12両編成のSK編成も登場した。『ウエストひかり』運用の車両には、車両のサイドにWのロゴが入ったほか、サイドラインの下に細い1本のラインを入れたピンストライプの塗装が施された。

最高速度▶ 210km/h
編成両数▶ 6両、8両、12両

0系 since2002

R編成（JR西日本）

こだま

　R編成の一部と、『ウエストひかり』に運用されていたSK編成を6両の『こだま』化したR編成7000番代。この編成が2002年～2003年に塗色を変更したもの。

　従来の0系のイメージと全く異なった、グレー地にフレッシュグリーンのラインに塗色変更された。2008年の引退間近までこのカラーリングで走行したが、最後は白地に青のラインに戻された（ピンストライプではなく、オリジナルのもの）。

最高速度▶210km/h
編成両数▶6両

検測車両

安
全

922形 since1964

T1編成（国鉄）

0系新幹線のプロトタイプである、1000形B編成を改造して1964年に登場したドクターイエローの元祖ともいえる車両。電気・信号系の検測を210km/hの高速走行しながら行うことができる。

一方、軌道の検測はこの車両では行えず、921形という別の車両で行っていた。921-1は低速での自走走行と、新幹線や機関車に牽引されての160km/h検測を行える車両。921-2は自走できず牽引されてのみの検測車両だった。

921形の軌道検測車両。左は低速だが自走も出来る921-1、右は自走の出来ない921-2。いずれも1964年に登場

最高速度▶210km/h
編成両数▶4両

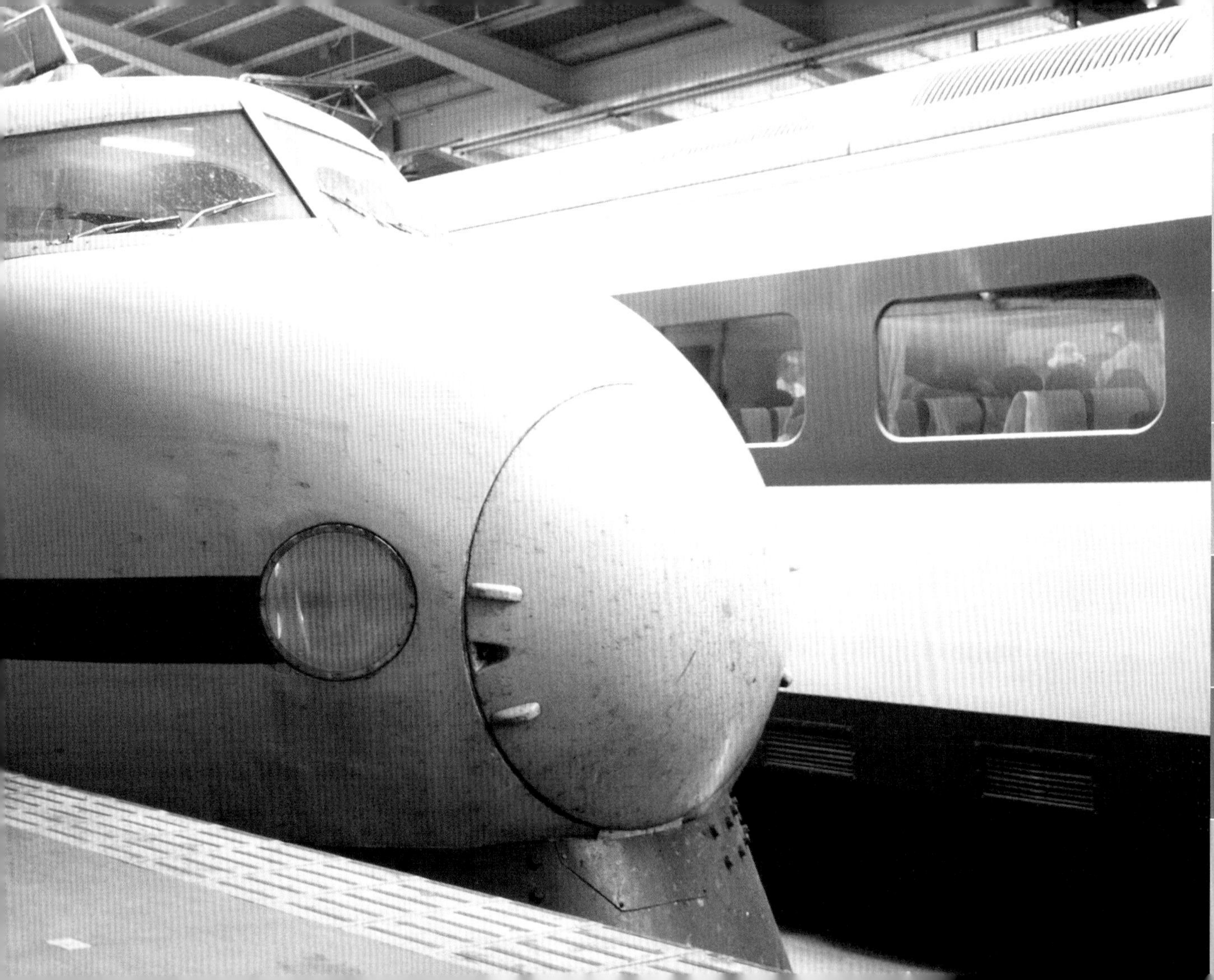

922形 since1974

T2編成（国鉄→JR東海）

1編成で、軌道検測も電気・信号検測もできるようになった初の電気軌道総合試験車両。0系の大窓車の車体をベースに、1974年に製造された。7両編成で構成されているが、5号車には軌道検測を行うための921形高速軌道検測車（921-11）が入っているのが特徴。210km/hでの試験を行えるよう、光学測定装置を搭載した。

国鉄民営化後はJR東海の所属となり、T4編成の登場とともに引退している。

最高速度▶ 210km/h
編成両数▶７両

車両自体は０系がベースとなっているために、正面は本体色以外に違いは見られないが、車両サイドは窓の位置や大きさが異なっている

後にT3編成が登場し、新幹線同士の自動分割併合試験を行うために７号車が改造されて連結器が内蔵された。奥から２番目に見えるのが911形の５号車。車両長が短く、台車が３つある

922形 since1979

T3編成（国鉄→JR西日本）

1975年の山陽新幹線の博多延伸開業により、検測需要が増大。T2編成の検査入場時に代替になる車両がないと検測できなくなってしまうことから、1979年に落成した。

機能としてはT2編成と同等だが、0系の小窓車の車体をベースにしている点が大きな違いとなる、国鉄民営化後にJR西日本の所属となり、前頭部のカバーが黄色く塗られた。T5編成の登場とともに引退している。

最高速度▶210km/h
編成両数▶7両

JR西日本の所属になった後のT3編成。前頭部カバーが黄色くなり、T2編成と一目で見分けられるようになった

T2編成との自動分割併合がテストされた。この結果は後に、JR東日本の東北新幹線へと活かされている

国鉄時代のT3編成。前頭部カバーは白で、正面からはT2編成と見分けがつかない

923形 since2001

T4編成（JR東海）
T5編成（JR西日本）

新幹線の高速化が進んだことなどから、新たな検測車両として700系の車体をベースに開発された。270km/hで検測が可能となっている点が特徴。

2001年にJR東海所属のT4編成が登場。『ドクターイエロー』の名前で親しまれ、現役で運用されている。

2005年には700系3000番台をベースに、JR西日本所属のT5編成が登場。基本的な仕様はT4編成と同じものだ。

最高速度▶270km/h
編成両数▶7両

T4 編成、T5 編成ともに 7 両編成。T2 編成、T3 編成と異なり、軌道検測機能も 923 形に内包している

先頭車のノーズ部分を開けたところ。救援用の連結器が内蔵されている

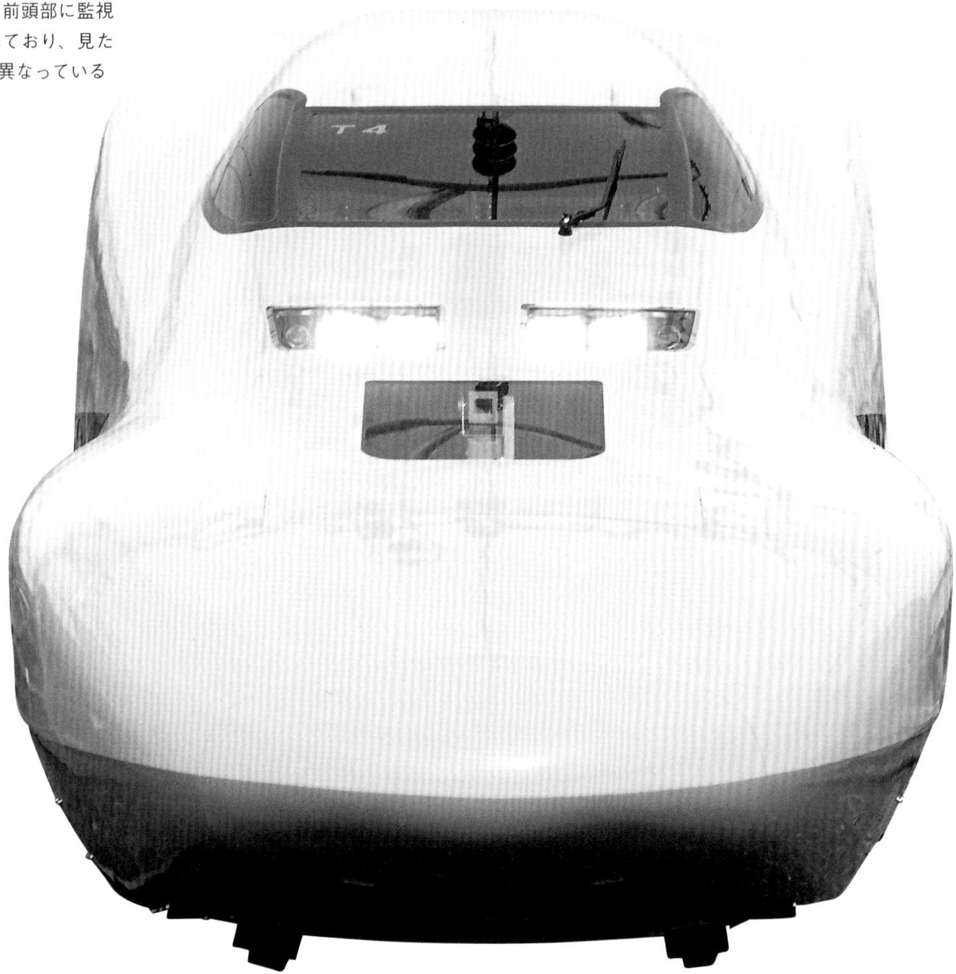

700系と異なり、前頭部に監視カメラが搭載されており、見た目の印象が大きく異なっている

T5

925形 since1979

S1編成（国鉄）

東北・上越新幹線用の新幹線のプロトタイプとして開発された962形をベースに、検測車として製造された車両。1979年に登場し、東北新幹線開業前の仙台新幹線基地～北上間の設備検査、および雪害対策実車走行試験などを行い、これらを参考に200系車両が開発されている。5号車は922形T2編成などと同様、軌道検測車921-31が入っており、そこだけ車両が短いほか台車が3つある。

東北・上越新幹線開業後は電気軌道総合試験車として運用された。

最高速度▶ 210km/h
編成両数▶ 7両

最高速度▶ 210km/h
編成両数▶ 7両

since1984

925形

S1編成（国鉄→JR東日本）

925形S2編成の登場に合わせて1984年に塗装を変更したもので、機能的には特に変更はない。東北新幹線および上越新幹線の電気軌道総合試験車として運用された。

1998年に北陸新幹線の長野開業時に、電源周波数の50Hz/60Hz両対応に改造された。

2002年のE926形の登場に伴って引退した。

200系のプロトタイプとして開発された962形を改造して、電気軌道総合試験車とした車両で、1983年に登場。

もともと営業用車両の試作車だったこともあり、一部の窓をふさぐようにして車両が改造されており、外見的な特徴になっている。

S1編成と同様に、5号車に軌道検測用の921-41が入っており、ここだけ車両長が17.5mmと短く、台車も3つある仕様となっている。

2002年のE926形の登場に伴って引退した。

最高速度▶210km/h
編成両数▶7両

since1983

925形

S2編成（国鉄→JR東日本）

検測だけではなく、高速試験にも投入されている。ただし高速試験の際には5号車は外されている

外された5号車である921形(921-41)。台車が3つついているのがよくわかる

カラーリングは黄1号をベースに、緑14号の塗装。元の926形の時は、新幹線のベースカラーであるクリーム10号と、淡い緑だった

E926形 since2001

S51編成（JR東日本）

E3系をベースに開発された、JR東日本としては初の電気軌道総合試験車両で、2001年に登場。大きな特徴は、新幹線区間だけではなく、秋田新幹線や山形新幹線といった在来線区間（ミニ新幹線）も検測可能としたこと。

また電源周波数の切り替え装置などを装備しているため、交流60Hzである北陸新幹線の軽井沢～上越妙高間や、JR西日本の北陸新幹線区間である上越妙高～金沢間も検測可能となっている。

最高速度▶275km/h
編成両数▶6両

車両サイドには愛称である『East i』のロゴが入っている。ちなみに電気軌道総合試験車にロゴが入ったのはこれが初めて

E3系の営業車と異なり、車両前面には軌道や周辺構造物の監視用の前方画像収録装置を搭載している。エクステリアのコンセプトは「21世紀のフロンティア（開拓者）」で、白は21世紀を、赤のサイドラインとフロントの赤スリットマスクは「フロンティア」をイメージ

East i

East i

大きな写真で見る！
新幹線ビジュアルブック

2024年3月25日　初版第1刷発行

著　レイルウエイズ グラフィック

発行者　西川正伸

発行所　株式会社グラフィック社
〒102-0073
東京都千代田区九段北1-14-17
tel. 03-3263-4318（代表）
03-3263-4579（編集）
fax. 03-3263-5297
https://www.graphicsha.co.jp/
印刷・製本　図書印刷株式会社

アートディレクション　アダチヒロミ（アダチ・デザイン研究室）

デザイン　小宮山 裕

編集　坂本章

写真協力　牛島完

協力　仙石直人

参考文献
『交通技術』（交通協力会）
『新幹線車両年鑑』（JTB パブリッシング）
『鉄道ファン』（交友社）
『ドクターイエロー＆ East i 新幹線事業用車両徹底ガイド』（イカロス出版）

ISBN978-4-7661-3891-7　C0065
Printed in Japan